Maxence GUENO-CHEVALIER

L'esprit et la foi japonaise

Maxence GUENO-CHEVALIER

L'esprit et la foi japonaise

Éditions Muse

Cover image: www.ingimage.com

Publisher:
Éditions Muse
is a trademark of
Dodo Books Indian Ocean Ltd. and OmniScriptum S.R.L publishing group

120 High Road, East Finchley, London, N2 9ED, United Kingdom
Str. Armeneasca 28/1, office 1, Chisinau MD-2012, Republic of Moldova, Europe
Printed at: see last page
ISBN: 978-620-4-96454-6

GUÉNO-CHEVALIER MAXENCE
L'ESPRIT ET LA FOI
JAPONAISE

Mot sur l'auteur :

Maxence Guéno-Chevalier a commencé ce livre durant un devoir de français au lycée et a continué de l'écrire au fil des ans. Ce livre allie différents sports pratiqués par l'auteur ainsi que des recherches personnelles sur les autres. L'héroïne de cette histoire est une amie rencontrée lors d'un stage de karaté il y a quelques années en arrière.

J'espère que ce livre vous plaira. Je vous souhaite une bonne lecture et je finirai sur ce cri de guerre ICHA !!!!

Je remercie ma tante pour la correction de ce livre, Lily pour m'avoir accordée du temps pour la création du compte auteur, à Madame Jousset-Sorin sans qui se livre n'aurait jamais eu lieu ainsi qu'à Christelle et mes professeurs et amis de sport.

Ce matin d'automne, j'allais à un stage de karaté. Il y avait bien sûr une intervenante qui faisait ce stage. Quand je l'ai vue, je me suis dit que ce stage allait me changer.

Christelle nous parla de l'esprit de cet art martial, car ce sport fait partie de sa philosophie depuis des années et nous commençâmes l'entraînement ; nous vîmes que, malgré la force qu'elle mettait, aucune trace de fatigue n'était visible sur son visage ; elle sut tout de suite pourquoi nous la regardions.

« En effet, j'ai fait plusieurs formations me permettant de rendre mes gestes des plus fluides. »

Ainsi Christelle nous montra toutes les astuces qu'elle avait pour nous permettre de rentrer dans le monde japonais par sa volonté et son énergie et son dévouement pour le karaté.

Par sa pratique du combat, nous pouvions voir l'agilité et la force de ses gestes, on lui demandait comment ses mouvements pouvaient être aussi agiles et forts à la fois.

« J'ai eu la chance d'avoir comme mentor un maître ninja qui m'a permis d'affirmer mes gestes.

Le dernier ninja, se voyant vieillir et ne pouvant plus lutter décemment, décida de m'enseigner cette pratique car il avait vu ma performance au championnat du monde qui avait eu lieu au Japon. En me voyant combattre, il avait l'impression de voir son ancien maître, mort quelques décennies auparavant.

Donc, je suis restée six mois dans une ancienne capitale impériale du Japon ; cette ville s'appelle Kyoto, elle se situe parmi beaucoup de massifs montagneux. J'ai pu ainsi m'immerger dans les coutumes japonaises et apprendre l'art ninja. Les coups sont très fluides et le travail de camouflage, surtout, présent à tout instant ;

le travail des armes s'avèrent plutôt complexe par ces manières de combat différent selon les adversaires.

Trois mois après mon retour, j'ai reçu un coup de téléphone des plus importants : un président, ami du maître qui m'avait appris l'art ninja, avait besoin de moi pour une infiltration dans un cartel afin de savoir quand une importante livraison de drogues arriverait ; j'étais sa dernière chance car tous les hommes qu'il avait envoyés avaient été tués.
Je partis donc deux jours après, le temps de préparer mes armes dont j'aurais sans doute besoin... car ce cartel, j'en avais entendu parler quelques années plus tôt.

Je partis dans ce pays et commençai mon infiltration, me rapprochant de différentes personnes et devenant la garde du corps du N°2 du cartel tout en essayant de prendre le plus d'informations pour en informer mes collègues locaux. Après plusieurs journées de reconnaissances et d'écoutes, je pouvais annoncer au Rangers quand la transaction aurait lieu.

Il me demanda si je pouvais faire partir de l'opération afin de les arrêter, je lui dis qu'il n'y avait aucun problème et qu'il pouvait ainsi lancer le top départ de l'opération aux différentes équipes en présence.

Je partis en tête afin de neutraliser les éclaireurs et je laissais passer les agents tout en surveillant leurs arrières. L'arrestation fut un succès, tout le monde était là comme prévu.

Après beaucoup de félicitations de différents départements de police, je pris l'avion pour retourner chez moi dans ma ville à coté de Strasbourg. »

Sur ce récit, nous avons repris le stage, elle nous montra l'exercice à effectuer. C'était un mélange de coups de pied directs et de coups de pied latéraux avec des coups de poing opposés. Quand nous avons eu fini l'exercice, nous fîmes du renforcement musculaire et des étirements.
Ensuite nous allâmes nous aligner pour le salut final.
Nous étions tous contents de ce stage et Christelle nous promit qu'elle reviendrait pour nous raconter d'autres histoires.

« A la suite de cette infiltration, j'ai su que je serais souvent appelé pour des infiltrations. Donc, je décidai d'apprendre plusieurs arts martiaux différents, pour mes différentes opérations ».

Je pris des renseignements pour faire un stage d'une durée de trois semaines avec un maître japonais pour apprendre la pratique du karaté kumité en infiltration gouvernementale.

Ce stage débutait cinq jours plus tard sur un archipel au sud du Japon, exactement à Okinawa, ville fondatrice du Karaté. Je bouclais mes valises et j'allais à l'aéroport situé à quinze kilomètres de chez moi.

Après des heures de vol, me voilà enfin à Okinawa : le décor est paradisiaque, l'eau turquoise.

Je me dirige vers l'adresse indiquée sur le site internet : une grande propriété se dévoile devant moi, un dojo immense dans le jardin et un manoir d'au moins 6000m^2 ; je faisais le tour du propriétaire quand je vis trois personnes passer par-dessus la

barrière armée de battes de base-ball et de fusils à pompe et compris tout de suite qu'ils n'étaient pas là pour le stage.

Je sortis de mon sac un revolver et un pistolet ainsi que mon gilet pare-balle au cas où j'en aurais besoin. Je courus pour les neutraliser au plus vite avant que le carnage ne commence. Au moment où j'arrivais vers la véranda, un des malfrats essaya de rentrer par effraction. Je pris le canon de mon pistolet et abattis la crosse sur la tête du malfaiteur qui se recroquevilla et tomba au sol.

Un peu plus loin j'entendis un carreau se briser, je sus qu'il fallait que je rentre d'une manière ou d'une autre afin d'aider les personnes de ce logis.
Je vis que le vitrail de la salle de bain était ouvert et grimpai contre la gouttière afin de rentrer au plus vite sans me faire voir comme on me l'avait appris. En rentrant, j'entendis des coups de feu : je sus qu'il fallait que je les empêche de nuire au plus vite.

Je sortis de la salle de bain armée de mon revolver, juste le temps de m'agenouiller et des rafales se mirent à siffler contre mes oreilles ; je pris un shuriken et le balançai dans la tête de mon assaillant ; quand son ami le vit s'écrouler, il essaya de me tirer dessus de façon soutenue. Je réalisai vite que je ne pourrais pas continuer longtemps avec les munitions qu'il me restait. Par chance, il rechargea et je profitai de ce laps de temps pour lui lancer mon tanto en plein cœur. Il s'écroula contre la rampe d'escaliers.

Je descendis les escaliers à vitesse soutenue pour voir s'il y avait des survivants ; d'un seul coup, quelqu'un cria « attention » ... Juste le temps de me retourner, l'assaillant se réveilla et me donna un coup de poing. Un combat sans merci commença entre nous.

Je pus pendant un petit moment esquiver les coups qui pleuvaient quand un homme arriva essouffler, se demandant ce qu'il se passait dans sa maison. Quand mon adversaire l'entendit, il voulut se jeter sur ce monsieur, alors je sortis mon pistolet et lui tirai une balle dans la jambe. Il se coucha au sol en hurlant et en me regardant avec rage.

Je me présentais à M. Hatamoto en lui expliquant la situation. Je lui dis que je pouvais appeler les forces de l'ordre s'il le voulait. Il me dit qu'ils arriveraient dans moins de cinq minutes car ils les avaient prévenus quand il avait vu l'homme que j'avais assommé au niveau de la véranda.

J'allais chercher le dernier malfrat qui était dehors. Par manque de chance, il avait recouvré ses esprits et me faisait face avec sa batte de base-ball. Je n'avais pas beaucoup d'expérience de self défense mais il fallait par tous les moyens que je le neutralise.

Maître Hatamoto m'arrêta et me demanda de le laisser faire voyant que j'avais peu de connaissance dans ce domaine. Quand l'adversaire vit qu'il allait combattre, il lança un rictus sarcastique. Le combat commença : l'assaillant n'arrivait à aucun moment à toucher le Sensei, il perdait trop l'équilibre et Hatamoto en profita pour le balayer et le neutraliser au sol.

J'entendis la police arriver et je lui montrai le chemin afin qu'ils appréhendent les différents suspects.

Après cette journée plutôt sportive, Hatamoto m'offrit un bolinet de saké, une boisson à base d'alcool de riz et nous dînâmes en compagnie des autres stagiaires qui étaient arrivés quelques minutes avant l'ouverture des portes ; Maître Hatamoto leur expliqua comment je lui avais sauvé la vie plus tôt dans l'après-midi.

Nous nous présentions successivement quand je reconnus un agent du FBI. Il me fixa, très étonné de me voir là. A son tour, il se présenta sans dire un mot sur sa profession.

Il fut temps de découvrir les chambres où nous allions dormir, tout le monde était rentré dans ses appartements. Maître Hatamoto désigna ma chambre et me dit :
- Je vous ai mis cette chambre car vous avez vue sur tout le jardin, pouvez-vous surveiller les alentours car j'ai peur que Hita.......
- Vous dites que vous connaissez celui qui a envoyé ces hommes ?
- Oui, j'ai refusé de lui enseigner mon art et depuis il essaie de me tuer.
- Ne vous inquiétez pas, je vais vous aider.
- Comment allez-vous faire ? Ces hommes sont des malfrats des plus dangereux.

A ma tête, il comprit que je ne pouvais rien dire, mais que j'allais l'aider du mieux possible.

Toute la nuit, je restais figée à ma fenêtre pour fixer chaque barrière afin de veiller à ce que personne ne rentre dans la

propriété. Le lendemain matin, je me réveillai de bonne heure afin d'aller chercher des objets dont j'aurais besoin pour surveiller la maison. Pour cela, j'avais un contact pas très loin de là que j'avais appelé afin qu'il me prépare un peu de matériels de surveillance et des armes afin de réaliser ma mission des plus importantes car la vie d'un homme était en jeu.

Quand j'arrivai dans la propriété, tout le monde n'était pas encore réveillé, j'en profitai donc pour monter tous mes accessoires dans mes quartiers.

Quand je redescendis, tout le monde se préparait pour commencer l'entraînement, le programme était basé sur la défense sur arme, je compris que Maître Hatamoto me faisait un clin d'œil sur ce qui c'était passé hier.

Nous passâmes la journée à travailler sur différentes techniques de self-défense.

Ensuite, nous passâmes à table pour manger un plat typiquement japonais appelé Yakitori ; ce plat, à base de poulet grillé, était accompagné de Saké et de Gyosa, des raviolis frits japonais.

Après ce repas, je montai dans ma chambre préparer mon arsenal et mes dispositifs de sécurité ; cela devrait sans doute me prendre une bonne partie de la nuit.

Quand tout le monde fut couché, je sortis mettre les dispositifs de sécurité en place. Une fois les alarmes reliées à mon portable, j'allai faire le tour du jardin pour voir s'il n'y avait pas un endroit où j'aurais oublié de mettre une alarme ; d'un coup, l'alarme Sud se déclencha, je courus vers cette entrée et je vis une ombre se dessiner ; alors je marchai discrètement, tapi dans l'ombre afin de

surprendre ce promeneur nocturne ; je sortis mon Browning et lui collai le pistolet dans le dos ; je me retrouvai à terre en moins de deux secondes, je ne comprenais pas ce qui se passait.

Quand je repris mes esprits, je vis que la personne qui rôdait autour de la maison était Josh, l'agent du FBI.

Il me regardait l'air soupçonneux.
- Toi tu protèges quelqu'un ! Tu n'es pas du genre à sauter sur une personne sans raison ! Je peux t'aider si tu veux, il n'y a aucun souci.
- Maître Hatamoto a un problème de taille ; une personne veut le tuer, alors j'ai mis les dispositifs de sécurité habituels et je les ai reliés à mon téléphone.
- Pourquoi tu ne me l'a pas dit plus tôt, je t'aurais aidé à tout préparer.
- Je croyais que tu étais en mission, je ne voulais pas te déranger.
- Non, je suis là pour apprendre de nouvelles techniques de combat.
- D' accord, on commence le plan d'attaque.
-Oui, pas de problème, c'est toi qui décides.

Nous allâmes nous coucher car le lendemain la journée risquait d'être chargée, M. Hatamoto nous avait dit qu'il y aurait une surprise.

Il était trois heures du matin, quand nous fûmes réveillés par un drôle de son qui venait d'un instrument de musique que je ne connaissais pas. C'était l'heure pour nous d'aller vers la surprise tant attendue.

Je me préparai tout en mettant mon holster de cuisse et je regardai si mon revolver était bien chargé. Je me mis en marche vers le salon quand je vis Josh sortir de sa chambre déterminée, son Westminster pointé sur moi. Je lui dis qu'il n'y avait aucun problème et qu'il le range vite avant que quelqu'un ne le voie avec.
Je rigolais en voyant comment il était sorti, les cheveux en épi et je vis des cernes qui s'accentuaient sous ses yeux ; je supposai qu'il n'avait pas beaucoup dormi cette nuit.
- Dis-moi, tu as monté la garde une bonne partie de la nuit, je me trompe ?
-Non, pas du tout, je n'ai pas réussi à m'endormir je pensais à quelque chose.
-Tu pensais à quoi ?
-T'inquiète pas ! Rien d'important.

Je vis dans ses yeux qu'il ne me disait pas toute la vérité ; je finirais par savoir ce qu'il me cache.

Il n'y avait pas une seconde à perdre, on nous appelait au salon, tout le monde portait déjà un sac à dos que senseï Hatamoto avait préparé soigneusement.

Nous allions vers une destination à haut dénivelé vu le poids du sac.
Nous marchions déjà depuis quelques heures et pourtant je me sentais épié ; je fis un signe bref à Josh qui comprit qu'il fallait qu'il reste aussi sur ses gardes car l'attaque n'allait pas tarder. A la pause, j'allai voir Mr Hatamoto pour lui dire que je pensais que nous étions suivis ; alors il me montra que lui aussi était armé ; c'était un Glock 22 ; je compris qu'il faisait également partie de la famille ; il était un ancien membre des forces de

l'ordre car, quelques années plus tôt, le Glock calibre 22 était destiné aux forces de police.

Nous continuâmes notre marche soutenue vers une destination des plus inconnues ; ce devait être un lieu sacré.

Quand je vis les premiers paysages se former, je trouvai l'endroit fantastique ; une cascade se dessinait non loin de nous. Ce panorama était des plus beaux par ses couleurs soutenues passant par des vertes prairies et des fontaines à couper le souffle. Sur une petite colline, nous pouvions voir une superbe terrasse en teck surplombant un petit lac.

Après un entraînement de kumité avec beaucoup de techniques de poing et de pied, nous rebroussâmes chemin pour rentrer à la Minka, terme japonais pour désigner la maison.

Josh ouvrait les rangs, prêt à saisir son Smith & Wesson, caché sous sa veste. Je savais qu'il lui faudrait peu de temps pour le dégainer de son holster d'épaule. Quand un bruit venant des herbes hautes commença à se rapprocher, nous mîmes les autres membres à l'abri et Josh et moi allâmes voir ce qui se passait. Nous avancions à pas feutrés quand un sanglier ou Inoshishi, comme il est appelé au Japon, nous chargea.

- C'était donc ça ton malfaiteur.
- Oui, j'en rigole encore ! Il va falloir trouver une solution pour qu'il nous laisse tranquilles.
- Nous n'avons qu'à lui tirer dessus.
- Non, au Japon, l'Inoshishi est un animal sacré.
- Et nous sommes censés le laisser nous tuer ?
- Non, tu vois la branche ?
- Oui ! Bonne idée !

Nous sautâmes pour nous accrocher à une branche et le sanglier partit. Nous rejoignîmes les autres. Quand nous arrivâmes, je fis un signe à Hatamoto qui rengaina son pistolet.

Nous prîmes le chemin du retour. Quand nous arrivâmes à la Minka, Josh et moi allâmes nous coucher car nous étions épuisés par cette journée pleine de rebondissements puis nous restâmes dans ma chambre pour surveiller la propriété.

La nuit était bien commencée quand l'alarme Nord retentit. Nous sortîmes nos menottes et quelques armes tout en faisant le moins de bruit possible. Hatamoto sortait juste à ce moment de sa chambre ; nous lui demandâmes de rentrer mais quand il nous vit avec nos armes, il comprit ce qu'il se passait ; alors, il sortit quelques armes de son armoire, et nous avançâmes doucement vers la sortie Sud pour prendre les intrus à revers. Quand je vis leur nombre, je décidai d'appeler des renforts, Rick et Dan, deux agents de la DGSE, basés à Okinawa. Ils seraient là dans moins de trois minutes car ils surveillaient les alentours, mais avant que je n'aie eu le temps de sortir mon téléphone, ils étaient derrière moi ; je fis les présentations et nous commençâmes la traque. Trois assaillants nous firent face, Hatamoto leur lança trois shurikens en or.

Nous livrâmes des combats effrénés contre les malfrats quand je sentis quelqu'un derrière moi ; je lançai alors un coup de pied arrière à mon adversaire qui s'étala au sol ; Josh et Dan étaient engagés dans un affrontement acharné.

Maître Hatamoto livrait un combat avec la personne qui voulait sa mort, les katanas sifflaient avec rapidité, c'était un combat à mort qui se déroulait devant nous ; aucun des deux Japonais n'était prêt à stopper ce duel. Hitamata, voyant qu'il n'aurait en

aucun cas le dessus sur notre sensei, décida de sortir son revolver ; c'était le moment : Hatamoto lui coupa le bras d'un simple geste.

La police fut avertie par les stagiaires qui étaient devenus spectateurs de nos affrontements. Maître Hatamoto nous remercia pour tout et la police arrêta les malfrats dès que Josh se présenta et raconta ce qu'il s'était passé. Les agents présents nous félicitèrent car cela faisait plus de trois ans qu'ils essayaient d'arrêter Hitamata.

Nous n'avions pas vu les semaines passer. Les techniques apprises durant ce stage furent variées et nous pûmes en retenir pour nos prochaines interventions. Je pris le lendemain l'avion pour rentrer chez moi, dans ma ville, en repensant aux trois semaines passées en compagnie de Josh. Je savais que je le reverrais bientôt sur une autre mission mais j'espérais le voir le plus vite possible. Il me manquait déjà mais je ne comprenais pas pourquoi. J'aurai tout le temps de méditer sur cette question.

Il était 18h30 heure locale quand je passai la porte de mon domaine de trois hectares, à la lisière d'un lac.

A mon arrivée, mes trois chiens se jetèrent sur moi afin de me souhaiter la bienvenue. Je restai jouer avec eux un instant et je filai droit vers mes écuries pour voir comment allaient mes poulains.
Quand je rentrais, Hubert, mon palefrenier, était en train de leur donner à manger ; ils allaient tous bien même Shadow avait fière allure alors que, quand je les avais quittés afin d'aller à Okinawa, il n'était pas très en forme.

- Bonjour Hubert, comment allez-vous ?
- Très bien et vous ?
- Ça va, mes vacances à New-York se sont bien passées.

Je compris à son regard qu'il se posait des questions, sur mes départs de plus en plus fréquents. Je pensai qu'il finirait bien par découvrir mon secret.

- J'ai donné à manger à tous nos congénères, mais nous avons eu un problème cette nuit.
- Quel genre de problème ?
-Un loup s'est introduit dans la propriété et il s'est attaqué à vos chiens.

Je compris tout de suite pourquoi Spike avait un bandage à la patte.

- Où est le loup ?
- Spike la fait partir.
- Comment ça, il l'a fait partir ?
-Le loup était en train de se jeter sur Kate, alors Spike l'a congédié à une vitesse assez folle.
-Tu veux dire qu'il l'a protégée, alors que d'habitude c'est Kate qui le défend ?
- Tu as tout compris et tu devrais voir la souplesse qu'il a, c'est épatant.

- Il lui a fait comprendre qui était le patron, il ne s'est pas débiné.

Un sourire s'éclaira sur mon visage en pensant au nombre de fois où Kate avait pris sa défense.

- Comme quoi un jour ou l'autre la roue tourne, je trouve qu'il a pris plus d'assurance depuis mon départ.
- Tu n'es pas au courant de tout depuis que tu es partie, il n'a jamais voulu rentrer dans la maison et il montait la garde jour et

nuit.
Et il a fait fuir le facteur l'autre matin, le pauvre je l'ai trouvé perché sur un de nos arbres le matin, complètement tétanisé par le froid.

- Donc si je comprends bien, il monte la garde et se bat comme un lion et bien je vais partir plus longtemps la prochaine fois (en riant).

Je sifflai mes chiens pour les caresser et je rentrai avec eux dans ma chambre ; car le voyage m'avait fatiguée.

En pleine nuit, Spike se mit à aboyer : je compris qu'il se passait quelque chose. Je me levai et sortis mon fusil à pompe de mon armoire et chambrai 10 cartouches. Je fis de même pour mon Beretta.

J'allai directement dans la salle de contrôle où mes caméras de surveillance étaient en alerte maximum.

Je vis aux moins dix hommes armés jusqu'aux dents. Je composai le numéro d'urgence afin que mon équipe arrive au plus vite, je reconnus toute suite la voix de mon interlocuteur, c'était Josh.

- T'inquiète pas Chris ! On est là dans moins de deux minutes, on est rendu au niveau du dojo.
- D'accord... mais après faudra qu'on parle.

Je sortis de la pièce et j'enfermai mes toutous dans ma chambre, je me dirigeais vers la cuisine quand j'entendis des coups de feu venant du jardin, les renforts étaient arrivés et je commençai mon premier combat avec Jim, un homme que j'avais connu quand j'avais infiltré le cartel du Texas. Il me lança sans discontinu des coups de poings que j'avais de plus en plus de mal à parader. Soudain, une technique me vint en tête.

Je lui lançai un crochet et je profitai de sa perte d'équilibre pour lui faire un balayage : il s'écroula au sol, la cheville cassée.

Juste le temps de sortir mon Beretta et je pressai la détente car un homme d'une trentaine d'année me tenait en respect avec un fusil de chasse.

Josh et les autres espions avaient fini leur combat des plus féroces car plusieurs étaient lourdement armés.

Le temps de remplir la paperasse et tous les espions partirent sauf Josh qui semblait ne pas vouloir me laisser toute seule cette nuit-là.

A ce moment plein de questions me submergèrent : quand, pourquoi, depuis quand ?
Il vit que je réfléchissais et à ce moment il prit la parole.

- Il faut que je te dise quelque chose, depuis Okinawa je pense tout le temps à toi ; tu es mon oxygène, tu me plais.
- Josh, tu as quitté Washington pour moi ?
-Oui, j'ai un besoin constant d'être avec toi, j'ai besoin de te protéger.
- Mais comment vous avez su qu'ils étaient rentrés sur la propriété ?
- Ne te fâche pas, s'il te plaît, Yann a posé des systèmes de vidéosurveillance autour de ton domaine, je n'étais pas complètement en confiance depuis le Texas.
- Je dois t'avouer quelque chose moi aussi. Je ressens la même chose que toi, Okinawa m'a fait comprendre que tu es la personne que j'attendais.
- Je vais avoir de mal à repartir, tu me manques à chaque seconde.
- Je ne veux pas que tu partes, tu peux rester si tu veux bien.

- Tu es sûre de toi ?
- Je n'ai jamais été aussi sûre de toute ma vie.

Nous préparâmes à manger et nous asseyons afin de discuter devant un poulet au curry qui était salvateur après la mésaventure de cette nuit.

Nous parlions de nos meilleurs missions gouvernementales, Josh en avait beaucoup à son actif ; la plupart avaient lieu en territoire ennemi.

Mais au moment où je lui parlai d'une mission, il me lança un regard des plus tristes. Je sus immédiatement que mon infiltration au Texas l'avait chamboulé.

- Ce jour-là, j'aurais voulu mille fois être à ta place tellement que je craignais qu'ils te tuent.
- Tu ne m'avais jamais dit que tu avais eu peur à ce point-là.

Il se leva et s'approcha de moi : « tu es ma destinée et je ne laisserai personne te faire du mal. »

Il était tôt, le soleil venait juste de se lever. Je caressai Spike qui ne m'avait pas quitté le restant de la nuit quand le téléphone sonna.
C'était une mission des plus secrètes.
- D'accord général, je ne serais pas seule, j'emmène un ami avec moi.

Nous nous dirigeâmes vers mon jardin et je composai le code pour ouvrir un de mes garages, quand Josh vit le jet, il resta figé sur place.

- Allez, monte, l'arsenal est prêt.
- Attends ! Qui va piloter le jet ?
- C'est moi, j'ai ma licence de jet privé.

Quelques heures plus tard, nous arrivions sur le Tarmac de l'aéroport, quand je vis tous les généraux. Je réalisai que la mission serait des plus délicates.
Josh me suivait mes sacs remplis d'armes, il sortit un sac qui semblait très lourd et avec un large sourire, me dit qu'il avait pris le sniper car à tout moment on pourrait en avoir besoin.

Nous avançons vers les généraux qui semblaient de plus en plus affectés. Comment cette mission pouvait-elle à ce point affecter Georges qui était resté stoïque dans les problèmes les plus menaçants pour la planète ?

- Bonjour Georges, je crois que c'est toi qui as dû me recommander.
A son regard, je compris que c'est lui qui avait besoin de mon aide.

- Chris, c'est horrible ! Les Yakusas, ils ont enlevé ma filleule qui est la fille d'Ethan, un ami loyal depuis 20 ans. Elle s'appelle Dawn Smith.

-Excusez-moi, vous parler de Dawn Smith, étudiante en droit à Berkeley ?
- Oui, vous la connaissez ? lui demanda Ethan.

Josh me regarda et me répondit
- Chris, je viens avec toi la libérer !
- Vous êtes qui pour parler à Christelle sur ce ton ?

- M. Smith, reprit Josh, vous souvenez-vous du fils de Shanna Karlingston, votre secrétaire, quand vous travailliez pour Weston&Co à Port Angeles ? Il jouait tout le temps avec votre

fille.

- Josh, c'est bien toi ? Cette fois c'est Brenda, la femme d'Ethan qui le serra dans ses bras. « Je croyais bien t'avoir reconnu à la descente de l'avion, tu as gardé ta tête de fouine d'autrefois. En entendant cela, Josh la serra encore plus.

- Brenda, tu as raison c'est bien moi et on va tout faire pour la retrouver

Je réfléchis un instant et je répondis à Josh qu'il pouvait m'accompagner délivrer Dawn.

Nous prîmes congé et nous reprîmes la route pour nous envoler vers Okinawa afin de nous renseigner sur les Yakusa auprès de maître Hatamoto.

Arrivés devant sa propriété quelques heures plus tard, nous trouvâmes le portail ouvert ce qui n'était pas du genre d'Hatamoto. D'un même geste, Josh et moi sortîmes nos armes et nous dirigeâmes chacun à l'opposé de la maison.

A 500 mètres de la maison, un homme me fit face, il était prêt à en découdre, il sortit un couteau, je ripostai et lui mis un crochet du droit ; il tomba sans demander son reste.

Je continuais mon ascension tout en entendant des coups de feu qui sifflaient… je sus que Josh était lancé sur plusieurs assaillants armés.

J'avançais doucement vers la véranda tout en me préparant au combat, je sortis mon browning et tirai sur un assaillant qui était prêt à abattre Hatamoto.

Quand il me vit, il eut l'air plus soulagé. Je rentrais dans la maison et commençai un combat au katana contre un homme d'une vingtaine d'années. Les lames s'entrechoquaient et après un

combat acharné, un bruit de métal martela le sol, le gamin avait lâché son arme.

Je pus voir l'agilité d'Hatamoto au combat malgré son âge, on ne pouvait que constater que c'était un guerrier aguerri. Après plusieurs coups, son assaillant tomba au sol.

Au même moment, Hatamoto et moi lançâmes un mawashi à la tête de deux malfrats qui venaient de rentrer sur notre gauche. Pendant ce temps-là, la fille d'Hatamoto livrait un véritable combat contre une fille de son âge ; le combat était corsé, mais Yen sortit une dague et à ce moment l'imposteur tomba sur le tatami.

Nous étions débarrassés de la plupart des agresseurs. Pourtant, tout à coup, nous entendîmes un cri perçant : c'était Josh !
Hatamoto prit la parole :
- Ça vient du pigeonnier !
Nous accourûmes vers le bruit, je sautai sur l'assaillant et lui coupai le souffle. Josh était blessé et son poignet gonflé.

- Qu'est ce qui s'est passé ?
- Il était caché derrière et il a mis un coup de batte de base-ball sur mon poignet, j'ai dû combattre avec une main en moins ce qui est vraiment difficile, il faudra que l'on s'entraîne là-dessus au prochain entraînement.

Nous sommes ensuite rentrés vers la maison d'Hatamoto et nous nous sommes assis à boire le thé tout en nous saluant.

Hatamoto fut le premier à prendre la parole
- Merci encore Christelle, ça devient une habitude, mais je suppose que tu n'as pas fait tout ce voyage pour rien, qu'est ce qui se passe ?
- J'ai besoin que tu me renseignes sur les Yakusa, ils ont enlevé

une amie à nous.
- Comme tu vois, les personnes qui étaient là, font partie des Yakuza. Ils harcèlent mon père pour qu'il vende le domaine.
- Ne t'inquiète pas, je vais aller leur faire passer cette envie, tu c'est où je peux les trouver ?
- A Kyoto, au grand opéra, ils investissent les lieux depuis quelques temps.
- Josh, on va aller faire un tour là-bas. J'appelle Tim et Joe pour qu'ils surveillent le domaine.

Une fois Tim et Joe arrivés, nous embarquions pour Kyoto, direction le Minami-Za, le théâtre local. Après quelques heures de vol, nous arrivions sur la piste d'atterrissage, les généraux nous avaient envoyé quelques membres de la NAVY ainsi que des SEAL ainsi quelques membres du SWAT, tous en civil.

Nous avançâmes vers le théâtre central. Nous parvînmes à escalader la balustrade arrière afin de pénétrer dans l'enceinte du théâtre sans être remarqués.

Nous marchons à pas feutrés vers l'aile ouest afin de neutraliser les éclaireurs. En voyant les brutes, nous savions que les combats seraient ardus mais nous nous élançâmes vers eux.

Nous laissâmes les membres de la NAVY se charger d'eux vu leur habitude sur le terrain, ils les neutralisèrent sans aucun bruit ce qui fut un avantage pour nous.

D'un coup, je reconnais un agent américain de type asiatique du nom de Éric, je m'élance vers lui mettant en place un combat entre nous afin qu'il ne soit pas blessé, il comprend à mon regard que je l'ai reconnu mais qu'on allait avoir une conversation après.

Une fois les malfrats enfermés, je lui demande ce qu'il en était :
- Tu fais quoi ici, bordel ?!!
- La même chose que toi, je viens au secours de Dawn
- Comment tu la connais ?
- Disons qu'on est ensemble depuis peu, elle voulait profiter du week-end dernier pour me présenter à ses parents mais avant que j'aie le temps de sortir de la voiture sur le parking de l'université, j'ai vu un groupe de Japonais l'emmener. Je les ai suivis jusqu'ici et je me suis fait engager comme garde du corps vu les diplômes que j'avais avant d'être dans l'espionnage : ça été un jeu d'enfant.
- Je te préviens Éric, tu n'as pas intérêt à me mener en bateau.
- Je te connais et je sais ce qui m'attend si je te mens.

- Tu sais où ils l'ont emmenée ?

- J'ai plusieurs pistes mais je ne suis pas sûr, il y a trois endroits possibles ; je propose qu'on se sépare en trois groupes de trois pour la retrouver. Tu es d'accord ?

- Tout à fait ! Tu peux me briefer sur les trois endroits ?

- Les trois endroits possibles sont le restaurant Isuzen, le Kyoto night life ou la mairie.

- Les membres de la NAVY, vous allez à la mairie avec Éric, les membres du SWAT avec Josh au restaurant Isuzen et les membres du SEAL avec moi au Kyoto night Life.

Nous partîmes chacun à notre tour vers les différents endroits pour essayer de retrouver Dawn. Nous avions de maigres indices sur l'endroit où nous pouvions la trouver. On avançait en eaux troubles mais telle était notre mission !

Éric pris le Ducato avec les membres de la NAVY vers la Mairie. Beaucoup d'embouteillages sur la route japonaise étant donné qu'il y avait un festival.

Après trente-cinq minutes de route, ils arrivèrent à bon port, ils ajustèrent leurs équipements et lancèrent l'opération.

- Une partie des combattants passent par l'arrière et les autres avec moi.

L'assaut commence, des flashs lumières envahissent les différents secteurs de la mairie, des rafales de balles éclatent au sein de l'établissement. Une véritable complicité liait les équipes de la NAVY qui petit à petit prenaient le contrôle de l'établissement.

Trente-cinq minutes de luttes acharnées dans les différents étages contre les assaillant Yakuza qui étaient armés jusqu'aux dents !

Cependant, plusieurs combattants étaient blessés à cause des multiples impacts de balles.

Les corridors étaient libres désormais, la NAVY et Éric s'élancèrent dans les différentes pièces extérieures de la Mairie mais malheureusement aucun signe de Dawn dans les pièces de l'administration.

Ils s'apprêtaient à quitter les lieux quand un homme armé de sabres se jeta sur eux, un combat acharné entre les différents officiers commença pour se libérer de ce piège ; après vingt-cinq minutes, les différents Yakuzas furent neutralisés. Nous ramassâmes nos différentes armes et nous allâmes vers le QG en attendant les autres.

Christelle s'élança avec la BRI à la porte du night-club, les videurs n'étaient pas compréhensifs et commencèrent à devenir menaçants, le gorille attrapa le revers de la veste de Christelle sans savoir à qui il s'attaquait, Chris lui fracassa les côtes avec un bon Yaku et lui brisa le nez en lui donnant un Mawashi.

Au tour des membres SEAL de rentrer en action en neutralisant les différents gardes armés de la boîte de nuit japonaise. Après avoir mis le garde hors d'état de nuire, Christelle entra à son tour et se livra à une lutte violente contre différents Yakusa tantôt au sabre ou à mains nues, les défiant d'un sourire éclatant. Tour à tour, ils finirent au tapis par différentes techniques de combats dont elle avait le secret.

Un éclat de voix éclata et les différents combattants se retournèrent : c'était le chef des Yakuza lui-même qui parla. Christelle le reconnut tout de suite : il s'agissait de Hamashi Akura, un ancien membre du KGB qui, du jour au lendemain, avait disparu laissant six cadavres de différents membres du gouvernement dont Richard, mon mentor, qui lui avait appris toutes les ficelles du métier. Quand il la reconnut, il eut un rictus mauvais.

- Que fais-tu ici ?
- Je n'étais pas là pour toi mais vu que tu es là, j'ai une affaire à régler avec toi depuis un certain temps, espèce de traître.

Les membres des Yakuza et du SEAL ne comprenaient pas ce qu'il se passait, d'où ils se connaissaient et pourquoi autant de haine tangible entre les deux anciens collègues.

- La chose que je regrette, c'est que le jour en question, tu étais en mission, comme ça, je ne t'aurais plus eue sur mon chemin.

- J'ai toujours voulu croiser ton regard pour te faire ravaler ton clapet, scélérat !

Les deux combattants entamèrent le combat mais pas n'importe quel combat : à la singulière, avec une arme ancestrale, le Katana, ce qui réjouissait Christelle car c'était l'arme avec laquelle elle était le plus à l'aise.

Des coups précis et mortels furent lancés mais les guerriers expérimentés ne se firent pas avoir, ce qui réduisait toutes les possibilités offensives en la matière. Alors, au bout d'une heure de combat acharné, ils changèrent d'optique, se lançant dans un combat à mains nues, ce qui, à l'époque n'était pas l'art maîtrisé par Akura mais vu les différentes techniques qu'il utilisait aujourd'hui, montrait qu'il avait suivi des stages approfondis dans le domaine de Nujitsu, ce qui fit sourire Christelle car elle avait reçu les savoirs d'un maître qui étaient plus complets qu'un simple stage.

Mais elle avait d'autre flèches à son arc et jonglait avec une souplesse époustouflante entre les différents arts martiaux, ce qui ne fit pas rire Akura, de plus en plus fatigué.

- Tu sais que George te cherche toujours depuis le temps. Il a infiltré plusieurs de tes endroits de croisière.
- Je le sais ! C'est bien pour ça que depuis 10 ans, il ne m'a toujours pas trouvé.
- Il aurait fallu que cela tombe sur moi et je pense que tu vas vite regretter que ce ne soit pas George qui t'aies découvert car lui il voulait te faire prisonnier. Pour moi, que tu sois mort ou vif ne fait aucune différence, tant que tu paies pour le mal que tu as fait à ces familles.
- Pour ça, il faudra que tu gagnes ce combat car moi non plus je ne te laisserai pas partir car tu peux dire à tout moment à Georges où je suis.
- Alors tu ne me laisses pas le choix !

Une pluie de coups flottait dans le Night-Club et les membres des Yakuza voyaient que le combat serait sanglant et on essayait de m'arrêter donnant le signal à mon équipe de reprendre les combats.

Au bout de deux heures mais bien amochée, je gagnai ce combat qui était le plus dur de ma carrière, sur un Mawashi en pleine tête.

Je continuais d'aider les membres des SEAL mais comme toujours je n'écoutais pas les signaux de détresse de mon corps et perdis pieds.

Quand je repris connaissance, j'étais au QG mais personne n'était là. Je ne compris pas tout de suite ce qu'il se passait mais un mot me fit comprendre que l'heure était grave. Josh était au bon endroit pour retrouver Dawn mais la sécurité était immense et tous les membres confondus devaient donc unir leurs forces. C'était pour ça que les membres du SWAT avaient appelé pour du renfort car tout seuls, ils ne s'en sortaient pas.

Je pris différentes armes dans l'armurerie et je m'élançai vers le restaurant avec la S600 Guard qui était presque incassable grâce à ses renforts technologiques.

Quand je vis le climat électrique devant le restaurant, je compris que ce ne serait pas gagné d'avance et qu'il y aurait sûrement des pertes dans mon équipe.

Je m'élançai d'une allure motivée vers l'entrée du restaurant qui était criblée de douilles, armée de mon fusil à pompe, chambré de dix balles et dix de secours dans ma cartouchière.

Je lançai coup de crosse sur coup de crosse aux différents assaillants et quand j'y étais obligée, je tirai dans le tas car un nombre important de Yakusas étaient présents. Quand les gars me virent, ils furent étonnés mais contents. Je défonçai différentes portes mais bredouille à chaque fois !

Des cadavres jonchaient le sol mais en aucun cas je ne trouvai Josh, ce qui me rassura malgré les différentes pertes de mon équipe.

Un combat impressionnant se déroula devant moi : un membre de la NAVY s'était jeté sur trois Yakuzas avec une force inimaginable, les mettant KO du premier coup.

D'un coup, je sentis une main m'agripper et je fis une projection à mon assaillant le finissant d'un coup au bas ventre, je continuais vers les différents corridors en cherchant toujours des membres de mon équipe et je compris qu'ils avaient trouvé où se tenait Dawn... mais une pataugeoire pleine de serpents était en place devant la porte blindée.

Par chance, j'avais pris mon fusil lance-flamme ce qui fit rire les gars quand ils le virent dans mon dos.

- Il n'y a que toi pour t'encombrer d'une arme pareille en combattant.
- Oui, mais je ne voulais pas perdre une occasion de m'en servir, c'est quand même la dernière arme que je me suis achetée.
- Bon, les gars écartez-vous, je vais faire frire ces serpents !

Il me fallut un petit moment pour comprendre comment il fonctionnait, je mis une douille de carbone et actionnai la gâchette : un jet de flamme s'extirpa de l'arme et grilla les serpents en une vitesse déconcertante.

Cependant, le plus gros problème fut la porte blindée qui était infranchissable. A ce moment, Josh apparut avec une clé

- Désolé du retard mais je n'ai pas pu arracher cette clé à mon assaillant facilement.

- Tu as réussi à avoir la clé ?
- Oui, mais j'ouvre la porte car je ne veux pas que Dawn reste une minute de plus dans cette pièce.

Il actionna la poignée et je dis à tout le monde de se mettre de côté. Il me regardait, je me rappelai soudain une porte similaire il y a quelques temps qui, une fois ouverte, lançait des rafales de balles criblant la personne voulant ouvrir la porte.

- D'accord ! Roger, tu peux me passer ton Jyo ? Je vais en avoir besoin, en attendant tout le monde sur le côté.

Je ne m'étais trompé : un déclic me fit comprendre que les balles allaient bientôt siffler. Une fois les rafales terminées, je me dirigeai vers Dawn ne me méfiant pas d'un dernier piège imaginé par les Yakusas.

Je m'écroulai en coupant les liens électriques de Dawn.

Quand je repris connaissance, j'étais dans une chambre que j'avais déjà vue. Au bout d'un moment, je compris que j'étais dans la villa d'Hatamoto.

Je descendis les escaliers menant à la salle à manger et compris qu'il était bientôt l'heure de dîner.

- Bonjour Christelle. Tu nous as fait une sacrée frayeur, tu dors depuis trois jours, de temps en temps il faut lâcher prise et te reposer
- Je sais mais je suis toujours à cent pour cent, ça fait partie de mon tempérament.

Ils sont tous dehors, vous repartez demain pour Houston, une délégation vous attendra à l'arrivée pour vous remercier.

J'allai voir tout le monde dehors et remerciai tous les services qui nous avaient aidés à libérer Dawn, debout derrière Éric. Elle était encore effrayée de voir autant de monde.

- Bonjour Dawn, comment vas-tu ?
- Encore fatiguée mais ça va, encore merci pour tout !
- De rien, c'est normal, je suis là pour aider mes amis.

Mais Josh sortit de son calme presque palpable et avança vers moi et m'embrassa. Je compris à son baiser fougueux toute la peur qu'il avait de me perdre et à mon tour je le lui rendis.

Nous allons tous vers la table où Hatamoto et sa fille Yen nous avaient préparé un repas copieux qui était un mélange d'origine Américo-japonais puis nous jouâmes à plusieurs jeux de mimes et de société et nous allâmes nous coucher pour être en forme pour le départ du lendemain.

Le lendemain, le départ était imminent : les membres des différentes armées nettoyèrent leurs armes et ajustèrent leur tenue, Éric et Dawn étaient prêts et chargèrent leurs dernières valises sur la barre de toit de la voiture d'Hatamoto.

Josh et moi finîmes de ranger nos différentes armes nettoyées et descendîmes prendre le petit déjeuner. Tout en descendant les escaliers, j'appelai l'aéroport d'Okinawa pour qu'il prépare mon Jet sur la piste.

Nous étions tous autour de la table où l'on avait dressé un somptueux petit déjeuner préparé par Hatamoto puis prîmes la route pour ramener Dawn près des siens.

Une fois terminée, nous prîmes les différents véhicules mis à notre disposition pour aller vers l'aéroport.

Nous avançâmes vers le trafic japonais qui, à cette heure, était tout sauf fluide.

Ainsi nous mîmes plus de quarante-cinq minutes pour rejoindre la salle d'embarquement.

Nous étions tous installés dans le jet et nous bouclâmes nos ceintures direction Washington où nous étions attendus par la délégation gouvernementale ainsi que les parents de Dawn.

- Tour de contrôle pour Charly Zoulou 67810
- Charly Zoulou 67810, ici la tour de contrôle, je vous écoute.
- Départ immédiat pour Washington. Besoin de savoir le numéro de piste Rodgers
- Vents d'est, turbulences moyennes et climat favorable, la piste 5 est dégagée pour vous Charly Zoulou 67810.
- Message bien reçu tour de contrôle vitesse à 12 nœuds, altitude à 3000 pieds et décollage immédiat sur la piste 5.

- Décollage immédiat, la tour de contrôle me signal quelques turbulences négociables je vous souhaite un bon voyage sur le Charly Zoulou 67810 à destination de Washington.

- Christelle, tu veux boire quelque chose ? Tu n'as rien pris depuis que tu pilotes.
- Je veux bien un verre de jus de fruit, s'il te plaît
- Je reviens toute suite
- Tiens, voilà !

- Ce n'est pas possible, Josh ! Assieds-toi sur le siège passager. Tout le monde, bouclez vos ceintures et accrochez-vous bien, on veut nous abattre.
- Tu sais qui nous en veut ?

J'en ai une petite idée mais si c'est la personne à laquelle je pense nous ne sommes pas sortis d'affaire.

- Tour de contrôle ici Charly Zoulou 67810. Besoins d'assistance militaire et gouvernementale May Day May Day Charly Zoulou 67810. Ceci est un message de détresse. Besoins de parler d'urgence à Marc Smith, chef de piste à Houston.

- Christelle, c'est Marc qu'est-ce qu'il y a ?
- Tu peux me renseigner ? Akura Junior est toujours à la prison de Denver ?
- Je regarde toute suite mais pourquoi cette question ?
Akura Senior est mort, je n'ai pas eu le choix mais un hélico essaye d'avoir ma peau et j'ai peur que ce soit lui.
- Il est sorti le mois dernier, tu te trouves où ?
- Je viens de passer Phoenix
- Le Général Williams est là, il t'envoie une escadrille de R5 et deux de R4, on va l'avoir ce scélérat, accroche-toi.
- Je vais faire de mon mieux, dis-leur de se dépêcher, en attendant j'ai deux trois surprises pour lui.

- Josh, prends les manettes avec moi et à mon signal, tu tournes à gauche et tu appuies sur le bouton vert du plafonnier, moi j'appuierai sur le violet.
- Accrochez-vous, les renforts arrivent mais en attendant je ne vais pas lui faciliter la tâche.
- Josh maintenant ! Feu force 8 au niveau réacteur arrière et fumigène force 9 et contre-mesure !

- Tu es génial ! On a failli l'avoir, mais tu as beaucoup de gadgets comme celui-ci ?
- Pas beaucoup malheureusement je ne pensais pas avoir une situation comme celle-ci à gérer un jour.
- Je lui prépare une autre surprise, d'accord ? Je monte à 5000

pieds et quand je m'apprête à tourner la molette, tu vas faire un 180° et tu redresseras directement car c'est une manipulation complexe.
- Tu es sûre ?
- De toute façon, on n'a pas le choix !
- Maintenant ! Fusée éclairante et poudre noire force 7 et j'appuie sur le bouton noir et Feu force 6, amuse-toi avec ça !

- Mais attends, tu es une véritable pyromane tu en as d'autre comme ça ?
- Oui, mais pas besoin : la cavalerie est là.
- Charly Zoulou 67810 ici Escouade R5 à votre ordre ! Nous détruisons l'hélico
- Maintenant !!!!!!!
- Escouade force 5,
- Escouade R4 force 9
- Charly Zoulou 67810 hélico ennemi détruit ; nous avons ordre de vous guider jusqu'à Washington.
-Merci les gars et en arrivant... méga fiesta !

Après une heure de vol sous bonne protection, nous arrivâmes à la nuit tombante à Washington.

- Charly Zoulou 67810 avec protection R4 et R5 à tour de contrôle.

- Tour de contrôle, j'écoute.
- Besoin du numéro de piste et degrés d'inclination Rodgers
- Piste 7 direction Nord attention au vent d'Est qui vous dévira un peu.
- Charly Zoulou 67810 bien reçu.
- A tout le monde, atterrissage immédiat.

Comme convenu, tout le gratin gouvernemental était là pour nous accueillir avec les parents de Dawn.

Après des remerciements des différents services, nous avançâmes vers la sortie de l'aéroport car nous étions invités dans la villa des Smith.

- Dawn, je ne t'ai pas demandé, tu sais pourquoi ils t'ont enlevée ?
- Je travaille avec mon professeur de droit sur un cas difficile en ce moment Christelle, le procès touche un membre des Yakuzas et ils voulaient que je ne participe pas au procès. En fait, le jugement sera acté demain, peux-tu me protéger car je crains qu'il essaie à nouveau.
- Je vais faire mieux que ça ! Kevin, Flint et François, pouvez-vous assurer la protection des parents de Dawn et du professeur tandis que Josh et moi on s'occupe de ta protection ?

Après une fête et une soirée bien réussie, Josh et notre escouade installèrent les différents dispositifs de sécurité autour de la maison.

Moi je faisais plus connaissance avec les lieux de notre mission en regardant les points de tirs ainsi que les sorties de secours en cas d'embuscade.

Il était 8h00 du matin, nous partions vers le tribunal pour le procès contre un membre de Yakuza, nous étions à l'affût de chaque mouvement en attendant à tout moment un véhicule qui sortirait de nulle part.

Arrivés à 1 km du tribunal, j'aperçus une voiture qui ne me disait rien ; alors je tournais à une intersection ainsi pourrait-on savoir si une personne nous suivait.
Comme je le pensais, on était suivis alors je fis une embardée, fis

face à la voiture et la bloquai. Je descendis avec mes deux Smith Watson et me dirigeai vers le conducteur.
- Qui êtes-vous et qu'est-ce que vous voulez ?
- Calmez-vous, je vais vous expliquer.
- Je suis calme mais ma patience à des limites. Alors ?
- Vous êtes bien Christelle ?
- Oui, pourquoi cette question ?
- Je suis arrivé en retard ce matin c'est pour ça que je vous suivais, Maître Hatamoto m'a engagé pour surveiller vos arrière en cas de problème ; je suis le capitaine Hempton des NAVY d'Amérique, je suis le filleul d'Hatamoto.
- D'accord on y va, on va être en retard à l'audience, suivez-nous.

Je pris la troisième rue à Brooklyn Road et me garai à la sortie Est du tribunal tout en faisant attention à ce que personne ne nous surveille.

Mais à la minute où je descendis, j'entendis des cris et vis qu'une dizaine de personnes se dirigeaient vers nous. Je pris mon Browning et attendis les premiers tirs de nos assaillants. Le filleul d'Hatamoto était derrière moi et appuya sur une touche de son téléphone « j'ai des renforts qui arrivent, ils seront là dans une minutes » … au même moment cinq camionnettes de la Navy se mirent entre nous et les assaillants et je profitai de ce moment pour faire sortir Dawn. Nous prîmes la sortie, tout en restant vigilant, devant la porte du tribunal. Je vis une personne qui ne devait rien avoir à faire à cet endroit mais je savais qu'il ne pouvait être armé sauf s'il était devenu garde du corps depuis le temps passé.

- Dawn, reste derrière moi, cet homme est dangereux !
- Tu rigoles j'espère, il a vraiment mis des sous fifres partout.

- T'inquiète, s'il tente quelque chose il aura à faire à moi.
- Comment tu le connais ?

Avant même que j'eus le temps de répondre, l'homme s'avança vers nous.

- Luther, un conseil, tu recules ou cela risque de mal se passer pour toi !
- Je n'ai rien contre toi, c'est la fille que je veux.
- Il faudra que tu me tues avant
- Avec plaisir, depuis le temps que je veux me venger.
- Je vois que tu m'en veux toujours pour cette histoire.

Un combat acharné prit place dans les couloirs du tribunal, les officiels ne savaient plus où se mettre car ils savaient qu'ils ne pourraient pas arrêter cette lutte.

Ce combat était technique avec plusieurs mélanges d'art martiaux, des attaques rapides et millimétrées. Il était ardu et dura dans le temps, je savais qu'il fallait que je mette mon adversaire hors d'état de nuire. Me revint en mémoire une technique très simple qu'Hatamoto m'avait apprise.

J'arrêtai le combat et attendis le coup de mon assaillant. A cet instant, je lui fis une clé de bras, l'immobilisai et demandai aux officiels de le mettre sous bonne garde.

Dawn et moi arrivâmes pile à l'heure pour le jugement. Alors que nous avancions, un dernier membre des Yakusas nous barra le chemin. Le juge avait beau lui demander de nous laisser passer, il devenait menaçant, avant même que j'eus le temps de m'en occuper Dawn hurla :

- Je commence en avoir vraiment marre de vous les Yakuzas. Christelle, celui-là je m'en occupe !
- T'en es sûr ?

- Oui, t'inquiète, avant de s'attaquer à moi, il aurait dû effectuer des recherches
- Qu'est-ce que tu veux dire par.......

Avant que je finisse ma phrase, Dawn enchaîna des techniques de Ninjutsu et de Karate. L'assemblée et moi regardions le combat, médusés par la force que les combattants mettaient dans celui-ci.

L'assaillant de Dawn sortit un Tanto et enchaîna des coups rapides que Dawn para les uns après les autres.

- Eh toi, tu sais que les Tantos étaient des armes surtout utilisées au Japon dans les années de guerre ?
- Oui et alors ?
- Est-ce que vous vous êtes renseigné un petit peu avant de m'attaquer
- Vous êtes la fille d'un représentant d'arme Américain et la filleule d'un officiel gouvernemental.
- Je comprends que vous n'ayez pas poussé vos recherches plus loin.
Mon grand-père était membre de la NAVY et maintenant je vais te montrer ce qu'il m'a enseigné.

Dawn qui jusque à présent était resté dans la défense menait le combat et lançait des assauts de plus en plus violents. Elle désarma son adversaire et lui brisa le poignet en un mouvement net et fracassant.

Dawn sortit un Beretta d'une vitesse vertigineuse et tira sur un Yakusa qui était prêt à nous tirer dessus.

Maintenant, je vous préviens tout de suite : soit vous arrêtez vos attaques, soit je m'occuperai de chacune de vos filières

clandestines ainsi que de vos aires de jeux. Maintenant nous commençons le procès, si Monsieur le juge est d'accord.

Les Yakusas la regardaient avec des yeux dubitatifs, impressionnés par son audace mais ils virent qu'en aucun cas elle ne rigolait et qu'ils avaient tout à perdre si elle s'immisçait dans leurs affaires.

Le juge lança le déféré et la sentence fut vite donnée, en l'occurrence beaucoup plus sévère qu'elle ne l'aurait été s'ils n'avaient pas cherché après nous deux. Tous les représentants des yakuzas présents furent emprisonnés à 30 ans de prison ferme.

Toute la partie civile montra sa joie mais soudain un des membres de la famille d'Akamura sortit une arme et fit face à Josh.

« Vous allez tous me le payer !» Le Yakusa commença des vrilles d'attaque avec son couteau et ne laissa aucun répit à Josh qui avait de plus en plus de mal à esquiver les assauts émis par son assaillant et me rappela une des conversations que j'avais eues avec lui, à savoir qu'il n'était pas à l'aise avec les attaques de couteau depuis qu'il avait été touché au mollet par un mercenaire. Je vis toute suite ce qu'il me restait à faire. Je poussais Josh en arrière et commençai un combat ardu avec cet assaillant.

Mon adversaire avait l'habitude du maniement des armes ce qui commençait à me déranger car il était entraîné à toute sorte de technique de défense.

C'est à ce moment que Dawn m'arrêta et prit ma place au combat.

- Tu sais ? Toi et tes copains, vous m'avez mis en rogne et maintenant tu vas en payer le prix, j'espère que tu connais le Kali Escrima car sinon tu vas manger !

D'une vitesse étonnante, Dawn sortit une dague et commença un combat acharné et cette fois-ci ce fut ce cher Kamato qui avait un mal fou à esquiver les coups rapides mais net de Dawn. D'un coup, profitant d'un moment d'inattention de son adversaire, Dawn lui asséna le coup de grâce et l'assaillant s'écroula au sol.

Nous sortîmes du tribunal épuisé par le combat pour retourner chez Dawn. Après cette nouvelle rude journée, nous nous installâmes auprès de la piscine pour nous reposer de notre périple tout en faisant connaissance avec le capitaine Hempton.

C'est à ce moment que Dawn se mit à rire aux éclats.
- Rori, c'est toi ?
Nous lançâmes un regard vers le capitaine qui acquiesça.
- Ne me dis pas que c'est toi Dawn la vipère ?
- Rori, ce surnom est démodé, comment tu t'en souviens encore ?
Je ne t'ai jamais oublié, la petite fille du général qui s'attaquait à tout ce qui bouge.
- Tu étais un peu pareil si je me rappelle.
- Temps mort et dites-nous comment vous vous connaissez.
- Excuse nous Christelle, Rori est le petit-fils du Colonel Hempton basé à Idaho Falk.
- Tu sais que ton grand-père et lui se voient souvent ?

C'est à ce moment qu'on aperçut une Jeep arriver à toute vitesse avec deux hommes à bord.

- Ma petite fille disparaît et on ne me tient même pas au courant : c'est vraiment inadmissible, je suis peut-être à la retraite mais je peux encore défendre ma famille.

- Eh moi, quand j'apprends par les renseignements que mon petit-fils est à Washington en train de se faire tirer dessus ! Ça me met en rogne.

- Dawn, tu as vu les anciens, ils vont nous enguirlander comme quand on était gosses.
- C'est sûr qu'à cette époque on leur a fait les 400 coups !

- Comment avez-vous fait pour vous retrouver tous les deux, car là je dirais que réunir les deux pestes ensemble... vous allez morfler car ces deux-là ensemble, c'est de la dynamite !

Nous éclatâmes de rire à l'unisson par cette réplique inattendue des deux anciens combattants.

-George et moi devons descendre quelque chose de la voiture.

Quand nous vîmes tout le barda qu'ils descendirent nous savions qu'ils n'étaient pas là pour rigoler.

Christelle comprit toute suite pourquoi ils étaient là et qu'ils se préparaient à une attaque imminente des Yakusas.

- Brenda, tu peux faire rentrer les enfants ? Nous devons parler à Christelle et son équipe.
- D'accord, aucun problème.

- Christelle, nous avons un énorme problème, c'est pour ça qu'on a fait le déplacement : les Yakusas préparent un mauvais coup, ils veulent se venger de l'arrestation de leurs membres et vont attaquer demain soir nous devons nous préparer aux combats et mettre au point quelques surprises pour eux.

- D'accord, il n'y aucun problème, Josh a un réseau sur Washington qui peut nous aider.

Mais à ce moment, Georges et Walter ont eu un rire communicatif.

- Qu'est-ce qui vous fait rire comme ça ?
- La cavalerie arrive.

Au même moment trois d'hélicoptères atterrirent sur la propriété, l'ensemble des soldats sortit de la maison pour voir ce qu'il se passait sur la propriété.

Dawn reconnut quelques militaires et Rori salua certaines connaissances.

- Grand-père, qu'est-ce que tu prépares ? Tu as dressé une armée ? Pourquoi ?

-Ma chérie, j'ai encore beaucoup de contacts dans les différents services d'interventions et renseignements et nous avions besoin d'aide alors j'ai fait jouer mes relations.
- Comment ça ? Il y a des problèmes et tu nous en as pas parlé ?
- D'accord ! Attendons que tout le monde soit descendu et je t'explique la situation.

Une trentaine de soldats attendaient les ordres pour préparer la défense du domaine.

- A mon commandement, garde à vous !
Je vous ai fait venir aujourd'hui car ma famille est en danger, vous savez tous que j'ai combattu loyalement pour mon pays pendant une quarantaine d'années maintenant nous allons livrer bataille contre, au moins, une centaine de Yakusas qui font front vers nous. Ils seront là dans quelques jours et il faut être prêt aux combats.
- Equipe 1 Avez-vous apporté tout le système de défense que je

vous ai demandé ?
- On a même rajouter quelques gadgets et nous avons appelé des renforts supplémentaires qui arriveront du Texas dans 1 heure
- Comment ça des renforts supplémentaires ?

C'est à ce moment que le capitaine O'connell sortit du rang.
- Disons qu'il y a depuis peu une nouvelle base au Texas dirigée par ma sœur et la particularité de cette base est qu'elle entraîne des maîtres-chiens et que j'ai réussi à réunir six maîtres-chiens et soixante-dix membres d'interventions.
- Bravo, merci vraiment pour cette initiative, nous allons avoir besoin du maximum de personnes.

- Colonel ?
-Oui, Christelle.
- Je peux passer quelques coups de fils et je vous tiens au rapport ?
- Affirmatif

<u>1 heure plus tard</u>

- J'ai réussi à réunir dix personnes de la DGSE, vingt de la BRI et soixante-quinze membres du GIPN : ils arrivent d'ici 24 heures. Mais je n'ai pas réussi à joindre les membres de la GIGN et le PSIG.
- C'est normal Christelle.
- Pourquoi, Josh ?
- J'étais au téléphone avec le général Robert Tessier. Il nous les envoie.
- Depuis quand connais-tu le général Tessier ?
- C'est un ami de mes parents.

On stoppa net la conversation : trois camions arrivaient avec les gyrophares, c'était l'escouade de la base du Texas envoyée par la sœur du capitaine O'connell.

Tout le monde se mit en rang en attendant qu'ils déchargent tout leur attirail. Nous pouvions voir différents chiens passant du Doberman au Malinois, tous tenus en laisse courte.

Peu de temps après, une jeune femme mit ses gars aux gardes à vous et passa le contrôle au grand-père de Dawn.

- Merci d'être venue, ça me fait chaud au cœur de voir autant de monde réuni à notre cause.
- De rien Colonel. Mes hommes sont à vous jusqu'à la fin de ce combat. Mon frère est par là ?
- Oui il est derrière à préparer différentes techniques de défense.
- Cela ne m'étonne même pas de lui.
- Vous avez un des meilleurs NAVY avec vous et je ne dis pas cela parce que c'est mon frère. Je vais le rejoindre de ce pas.

- D'accord, pendant ce temps-là, je vais préparer une petite surprise à nos chers Yakuzas.

Tout d'abord, pour mettre mon plan à exécution, il fallait que je retourne à la camionnette chercher différents explosifs et branchements technologiques.

Ensuite, j'appelai deux équipes de la NAVY afin que tout le long du terrain une tranchée soit mise en place, remplie aussitôt de nitroglycérine et de différents solvants écologiques, suivie de plusieurs branchements sensoriels afin de ne pas nous trouver pris au dépourvu quand ils arriveraient.

Afin de neutraliser nos assaillants qui, d'après nos amis de la base d'Austin, seraient nombreux, je pris en main quelques nouvelles

recrues pour leurs apprendre l'art du combat à main nue comme le Taï-jitsu, le Pengamut, art philippin, et le karaté.

J'entamai un combat avec un jeune de la NAVY du nom de SWANN. Ce nom m'était familier mais je ne voyais pas d'où, vu mes nombreux voyages pour le sport et travail.

On enchaînait quelques mouvements et il me dit en rigolant :
- Chris ? Tu as la grippe ou quoi car tu es un peu rouillée avec le temps ?
- Je vais t'apprendre le respect de tes aînées, petit !
À ce moment, je mis en place trois types d'arts martiaux le Pengamut, le karaté et le Ninjitsu. Il eut un peu de mal à contrer le Pengamut mais sa maîtrise du karaté et la boxe étaient parfaite. En regardant sa façon de se battre, je reconnus différentes techniques que j'enseignais autrefois à Chicago.

- Excuse-moi mais à tout hasard, je ne t'aurais pas enseignée des cours à, il y a 10 ans, au CTKS car ces mouvements que tu exécutes, ce sont ceux que j'enseignais dans les années 2000.

- Tu y es presque, tu as entraîné mon demi-frère Jay Halstead du CPD et il m'emmenait de temps en temps au dojo ; il m'apprenait certains mouvements et après je me suis spécialisé dans les sports de combat. J'ai même eu deux titres de champion aux USA.

- Jimmy Swann, c'est toi ? Qu'est-ce que tu deviens ? Je me souviens de toi à l'époque ; j'étais souvent chez vous. On finissait l'entraînement puis on allait boire un verre.

On poursuivit l'entraînement pendant deux heures en enchaînant différents thématiques de combat puis nous décidâmes d'aller nous restaurer.

Une fois le repas pris, je discutais avec Jimmy des différents parcours qu'il avait suivis jusqu'alors. Après trois heures de discussions, il était temps d'aller se reposer. Nous allâmes vers nos appartements respectifs.

En approchant de ma chambre, je compris que quelque chose clochait. Je dégainais mon Glock 22, suivi de Jimmy qui sortit son fusil à pompe à canon scié et nous nous dirigeâmes vers les différentes portes de la suite. Arrivée au niveau de la salle de bain, j'entrevis une ombre : une main se posa sur mon épaule et me désarma.

Un combat se mit en place entre moi et mon assaillant, un ancien légionnaire, qui faisait partie de la garde du cartel du Texas que j'avais démantelé quelque temps auparavant déjà.

Jimmy, pendant ce temps, était en plein combat avec un colosse d'au moins 105 kilos de muscles, mais au vu des techniques effectuées, il était en bonne voie pour prendre le dessus sur son adversaire.

Il lança simultanément un crochet et un tsuki au niveau de la mâchoire, technique que seul son frère connaissait car je lui avais donné des cours particuliers en plus de mes enseignements au dojo.
Son adversaire se coucha sous le poids de la douleur qu'il ressentit.

Josh, alerté par le bruit qu'avait fait l'adversaire, arriva en trombe dans ma chambre, sauta sur le légionnaire qui m'attaquait et le menotta d'une manière peu orthodoxe soit en lui faisant une clé de cheville simultanément à une clé de poignet. Il descendit, à l'aide de trois SEALS, les assaillants vers le portail.

A quatre heures du matin, les spots de sécurité extérieurs se mirent en marche et les alarmes reliées à nos Beepers nous réveillèrent. Nous enfilâmes les vêtements adéquats à la situation et dégainâmes nos différentes armes.
Josh appuya sur plusieurs petits boutons d'une télécommande et fis exploser nos différents dispositifs pour faire reculer nos ennemis qui progressaient au sein de la propriété.

Les chiens s'étaient déjà jetés sur certains assaillants rejoints par les Esquad de la NAVY et SEAL qui ouvrirent le feu. Nous pouvions voir différents combats à main nue entre les Yakusa et les recrues que j'avais entraînées la veille.

Jimmy faisait face à trois Katanas ; il dégaina le sien et commença un duel à mort ; sa façon de se battre au sabre était spectaculaire et surpassait mes connaissances en la matière.

Les feintes et attaques qu'il effectuait ressemblaient à l'art du Bushido mais toutes ne rentraient pas dans ce critère. Après plusieurs minutes de combat acharné, Jimmy eut gain de cause sur ses adversaires mais la fatigue se lisait sur son visage.

Les différents soldats étaient occupés à lutter pour nous sauver face à une armée impressionnante des Yakusa et du cartel qui s'était reformé sous l'investiture du fils du mafieux Texan que j'avais remis à la justice durant mon immixtion au Texas.

Pendant ce temps-là, je retrouvais Dawn et ses parents pour les mettre à l'abri. Lorsque nous fûmes arrivés dans un entrepôt

souterrain, Dawn enfila un gilet pare-balle et arma cinq fusils mitrailleurs et un fusil calibre 44 Mag.

- Chris, je vais me battre pour protéger ma maison et je leur réserve quelques surprises.

A ce moment, Dawn sortit son téléphone et annonça :

- ABDLBZ, Officier en détresse, besoin de renfort immédiat à la maison.
- Les renforts arrivent d'ici dix minutes ; ils sont à Vancouver pour l'instant. Mais où est-ce que tu vas ? Et qui es-tu ?
- Je suis le capitaine Dawn Smith, réserviste de la 3ème DPMA, une faction de militaires surentraînés pour ce genre de combat.
- Mais chérie, depuis quand es-tu dans le rang de la DPMA ?
- Papa, ça va faire six ans ! Chaque été passé chez Hubert était une couverture en fait ; j'allais dans différents pays où les situations les plus périlleuses exigeaient l'aide d'une force armée sans état d'âme.
- C'est à ça que vous vous amusiez avec Hubert ! Il va m'entendre quand nous allons le voir. Mais si tu te bats, il n'y a aucune raison que je ne le fasse pas.

M. Smith profita de la fin de la conversation pour appuyer sur deux boutons à côté d'un clavier.

- Mon équipe est prévenue, elle arrive d'ici cinq minutes et je ne voudrais pas être à la place de ces Yakusas.
- Papa, c'est quoi cette histoire, pour qui tu travailles ?
- Je suis agent secret pour la Smith Investigation&Co ; ça va faire maintenant plus de dix ans que j'ai commencé dans cette filiale de l'entreprise.

Simultanément, il tapait de nombreux codes sur un clavier et des tiroirs et un placard sortirent de nulle part. Il les ouvrit et chargea différentes armes qu'il prit dans les compartiments.

- Je vois que les mensonges et la cachotterie vont à tout va ! Vous n'avez pas honte ? Les week-ends où tu n'étais pas là pour des réunions d'affaires, en fait tu étais en espionnage ? Mais je vais vous apprendre ma vraie identité. Je suis l'Adjudante Brenda Smith de la 5ème infanterie d'Auckland.

A son tour, Brenda appuya sur différents boutons et des mitrailleuses semi-automatiques surgirent de chaque côté de la maison.

- Je suis pressée de voir leur tête quand ils vont les voir sortir des murs de la maison.
Brenda sortit son téléphone à son tour et énuméra une dizaine de nom de code.
- Mon équipe est prévenue, ils arrivent d'ici 5 minutes par hélico ; en attendant, je vais leur préparer quelques surprises.

Brenda appuya sur un bouton bleu au niveau des ordinateurs et un énorme ordinateur sortit du mur : elle pianota différents codes.

- C'est bon ! En route ! Au combat ! dit Brenda, armée jusqu'aux dents, tous les recoins de son corps mis en évidence par différentes armes.

Les différentes forces alliées arrivèrent et un combat du titan se déroula. Au bout de deux heures de combat acharné, les Yakuza et différents membres du cartel battirent en retraite.

Nous comptions nos pertes qui, malgré le combat titanesque, n'étaient pas si nombreuses. Nous hurlâmes de plaisir en voyant ces pourris partir en courant.

Les parents de Dawn ouvrirent différentes bouteilles et gâteaux et installèrent des barnums tout autour de la propriété car ils avaient décidé de garder les cinq cents soldats à manger.

Après cette fin de conflit, je décidai de rentrer un peu chez moi avec Josh afin de revoir mes animaux ainsi que les étapes de sécurité du haras.

Arrivés à destination au bout de quinze heures de vol, nous sortîmes toutes les valises et notre arsenal qui avaient besoin d'un sacré nettoyage mais avant tout chose, je courus vers mes chiens qui sortirent de la maison en courant.

Après avoir dit bonjour à tout le monde, je commençai à sortir mes différentes armes sur la table et nettoyai chacune de leurs parties ainsi que les chargeurs. Pour les armes, cela alla du Browning au Smith Weston en passant par les armes les plus légères ainsi que du fusil à pompe et au fusil lance flamme.

Après cet entretien prenant mais indispensable, je me dirigeai vers le jacuzzi pour me détendre au côté de Josh qui avait préparé deux cocktails afin de nous décontracter de ces semaines chargées. Nous rigolions de tout est de rien jusqu'à tard dans la soirée et allâmes nous coucher.

En effet, le lendemain, j'avais une réunion importante avec la société Sécuris protection 67 qui m'avait appelée avant mon départ pour la protection personnelle d'une personne que je connaissais.

Comme convenu, je partis dès 8h00 vers Strasbourg pour voir qui avait demandé expressément ma protection, passant toutes les

portes de sécurité de cette enceinte ultra sécurisée vu ses différentes missions en matière de protection.

Dans le bureau du dirigeant de la société, je reconnus toute suite la personne qui m'avait demandé sa protection : c'était un de mes anciens élèves avec qui j'avais partagé mes différents boulots que j'effectuais quand il avait des problèmes dans les quartiers Nord de Marseille.

A cette époque, il traînait avec un cartel marseillais connu pour être sans pitié. J'avais réussi à le sortir des ennuis avec beaucoup de force de persuasion car ma réputation comme agent gouvernemental avait depuis le temps traversé les frontières et même les pays car quand il faut aider une personne, je me donne à 100%.

-Salut Jérémy ! Qu'est-ce que tu fabriques là ?
- Je viens te demander de l'aide, les temps ont changé depuis que tu m'as sorti des mains de ces tortionnaires, je suis devenu PDG de la Spirit&Co Portland suivi de la Sydney investigation et enfin mon dernier contrat signé hier avec la Fire condition Agency qui fabrique des installations en matière d'incendie innovante sauf que, depuis que ces contrats étaient en pourparlers, j'ai reçu différentes lettres de menaces de différents cartels marseillais ainsi que de différents élus qui n'apprécient pas mes projets innovants car selon eux, ça peut mettre en péril les systèmes existant qui leur rapporte plus d'un millions d'euros par an.

- Et si je comprends bien depuis la signature, ces menaces se sont intensifiées et tu as besoin de mon aide.
- Voilà ! Tu as compris !
- Vu la situation, je suis désolée mais je vais devoir travailler avec

mon équipe personnelle car je ne connais personne de vos services, j'espère que vous comprenez.
- Le problème, mademoiselle, si le petit a pris cette agence c'est qu'il est en couple avec ma fille et elle ne veut pas le quitter durant que vous réglez la situation.

- Je comprends : c'est pour ça que je n'emmène pas que Jérémy, cependant j'emmène toute sa famille car les enlèvements de famille sont typiques du cartel marseillais. Je vous demande donc d'appeler tout le monde et on part dans une de mes propriétés. Je dois juste contacter quelques personnes pour qu'il prépare les lieux.

Je pris mon téléphone professionnel et envoyai les différents messages sur la ligne d'urgence et demandai aussi à Josh de prendre le Humer 8 places qui était dans le garage afin qu'il vienne me chercher avec tout le monde, en lui listant la liste des armes qu'il me fallait pour la mission.

Et c'est ainsi que commença ma nouvelle mission vers ma villa située à Mane, dans un petit village des Pyrénées.

L'ensemble de mes équipes étaient prévenues et étaient en route, on se retrouvait à sept dans la voiture, il y avait Jérémy et Lisa et leurs parents respectifs. Un autre Humer sillonnait la France pour récupérer les autres membres de leurs familles qui étaient en vacances.
Cela ne me faisait pas peur car je connais l'efficacité de mon équipe et leur façon de travailler.

Enfin arrivés à la villa, nous descendîmes tous nos valises et les différentes armes que nous avions apportées car Roberto Garcia, le père de Jérémy comptait se battre s'il le fallait et il avait

apporté un sacré arsenal qui, en plus des armes de Josh et des miennes, était un arsenal presque militaire.

Chacun choisit sa chambre et nous commençâmes à faire à manger en attendant la deuxième équipe qui était aller chercher les différentes personnes de la famille Garcia. Les premiers arrivés furent les grands-parents de Jérémy que j'avais fait venir par hélicoptère d'Espagne.

- Bonjour José et Anna. Comment allez-vous depuis le temps ?
- Tiens, Christelle ! Dans quel pétrin s'est encore mis mon petit-fils !
- Les gangs marseillais ont entendu sa réussite et ne sont pas très heureux alors ils ont décidé de le descendre par tous les moyens mais bon... tu as vu ce que j'ai fait il y a quatre ans ? Je suis encore prête à me battre de nouveau pour lui.

Le reste de la tribu arriva. On était à peu près quinze personnes dans la propriété ce qui me fit bizarre car toutes les chambres étaient occupées pour une fois !

Avec mes hommes, nous commençâmes à renforcer la sécurité autour de la villa, aidés par la copine de Jérémy qui avait différentes idées de protection, ce qui me parut étrange car, pour une secrétaire, elle avait beaucoup d'équipements du raid. Je décidais de pas relever pour le moment mais j'aurais une conversation avec elle plus tard.

Après une heure de travail, nous nous rendîmes à la cuisine pour manger tout en discutant de choses et d'autres et je décidai d'aller m'entraîner dans la salle de sport avec Jérémy qui voulait

combattre un peu. Lisa suivit en disant qu'elle aussi serait intéressée ce qui me fit rigoler car elle non plus ne quittait jamais Jérémy.

Elle alla chercher quelque chose dans sa chambre et redescendit avec une paire de gants et de protège-pieds ce qui ne plut pas du tout à Jérémy et une querelle commença entre les deux.

- Comment ça ? Tu as des gants ? Tu n'as jamais voulu venir à la salle avec moi quand je te le demandais !
- J'ai mes raisons mais là ce n'est pas pareil : tu es menacé et je compte me battre pour toi.
- Mais attends, Lisa ! Ce n'est pas une blague ! Ces personnes sont surentraînées et ils n'hésiteront pas à se servir d'armes.
- Alors j'utiliserai les miennes!Il y a quelque chose que tu ignores chez moi : je ne suis pas une simple secrétaire, je suis aussi le capitaine Ruiz du 58ème régiment RPMA et certaine personnes de mon équipe arrivent demain.

- Ne t'inquiète pas, Christelle. Je les ai triées sur le volet et ce sont mes meilleurs hommes. Je leur ai donné un point de rendez-vous à100 km d'ici. Ce serait possible qu'un de tes hommes vienne avec moi les chercher avec le Humer demain ?
-Bien sûr ! Pas de problèmes.
-Tu m'as menti sur quoi d'autre ?
-Rien, je te jure mais tu comprends, je ne peux pas tout t'expliquer.

Et c'est ainsi qu'on commença nos petits entraînements ce qui me fit comprendre que Lisa maîtrisait deux ou trois sortes d'art martiaux mais utilisait les techniques d'un autre que je ne connaissais pas.
Cela m'intrigua. Alors, je commençai un petit combat avec elle. Je restais d'abord en défense pour voir les différentes techniques qu'elle utilisait et décidai enfin de l'attaquer pour le plaisir du combat.

Elle gagna le premier assaut mais pas les deux derniers car j'avais analysé son combat. Sur le quatrième assaut cependant, elle utilisa un art martial que je ne connaissais pas très bien et remporta haut la main.

- Lisa, c'est quoi cet art martial ? Je n'en ai jamais entendu parler !
- C'est un art martial Hawaïen ; je l'ai appris quand je suis allée en mission à Hawaï l'année dernière : ça s'appelle le <u>kapukuialua</u>

- Attends ! C'est là- bas que tu es allée au lieu de chez ta sœur qui était malade ?
- Désolée ! Elle n'était pas malade.

Je décidai d'arrêter l'entraînement pour qu'ils discutent en tête-à-tête car ils avaient beaucoup de choses à se raconter visiblement.

Je donnai les tours de garde à mon équipe et nous allâmes tous nous coucher car il était tard.

Mais avant de me coucher, je chargeai mes armes et les laissai à côté de moi au cas où il y aura des soucis : un émetteur-récepteur était placé à côté de moi.

Le lendemain, Lisa alla chercher son équipe avec Brett sur Pau. Tous ses gars étaient là, chargés de leur attirail, ainsi que deux

chiens qui n'étaient pas contents d'avoir dû voyager aussi longtemps en train vu leur humeur.

- Salut les gars ! Nous allons chez une amie de mon copain qui a pris en charge sa sécurité vu les hommes à qui on a à faire, ce n'est pas de la crème ! Ce sont des gars du cartel Santini à Marseille.
- Comment il a réussi à se les mettre à dos ?
- Il y a quelques années, il a eu des soucis avec eux et Christelle l'a aidé à sortir de ce pétrin mais ils n'ont pas aimé qu'il s'en sorte aussi bien professionnellement. D'accord, les gars ? En avant, montez les chiens et les équipements dans le coffre et go ! A la maison.
- Oui, Capitaine !!!!

Deux heures de route plus tard, nous arrivions à destination vers la villa et je montrais au gars où ils pouvaient s'installer pour dormir ainsi que les différentes pièces de la maison.

- Je vais vous présenter mon homme et l'équipe qui nous protège. Dès que Christelle vit un de mes hommes, elle sortit son Beretta.

- Qu'est-ce que tu fais là toi ? Tu crois que je ne te reconnais pas ? Tu étais avec le cartel texan il y a six mois quand j'ai démantelé le réseau.
- Tu crois que ça été simple pour moi, j'étais en infiltration avec la DGSI à ce moment et tu m'as pourri ma couverture ; ensuite, on m'a changé d'unité vu que je n'avais pas réussi à faire tomber le réseau ;
- Tu permets que je vérifie ce que tu viens de me dire ?
- Bien sûr !

Je pianotais sur mon téléphone pour appeler le responsable de la DGSI.
- Salut Robert ! C'est Chris. Est-ce que tu as renvoyé l'agent Deen

à la suite de l'opération au cartel Texan ?
-Oui pourquoi ?
- Je suis en protection rapprochée et il y a des membres du RPMA qui viennent d'arriver dont lui et je l'ai reconnu tout de suite. Comme je ne savais pas que tu l'avais mis en infiltration au Texas, j'ai sorti mon arme.
- Non t'inquiète ! C'était bien l'un de nos hommes
- D'accord ! On se voit dès que possible à Paris à la prochaine.
- Je suis vraiment désolé mais j'espère que tu comprends, je prends la sécurité de Jérémy le plus sérieusement possible
- T'inquiète, je comprends ! J'aurais fait la même chose.

Tout le monde défit son arsenal et nous mîmes en place un plan d'attaque et un tour de garde afin que l'on puisse tous se reposer.

Les trois premiers jours se passèrent sans embûche mais dans la nuit du quatrième, l'alarme sud se déclencha sur mon pager : je pris le Beretta en appelant tout le monde à l'extérieur

-Force A, B et C de Chris alarme détectée enceinte Nord !
On se déploie selon le plan A et B 1ères lignes et force C le mur arrière.
Viper 5 et 6 pour Chris ! Sortez la tourelle, les snipers postez-vous au niveau des différents endroits. Bonne chance les amis !

Et le bruit de balles sifflait, les grenades de désencerclement explosaient, des combats à mains nues entraient en vigueur, les chiens étaient une force non négociable, le nombre d'ennemis à terre étaient impréssionnant. Cela était une des missions les plus périlleuses vu le nombre de personnes enfermées dans le bunker en attendant la fin de cet assaut qui devenait de plus en plus long ; plus nos assaillants étaient éliminés, plus d'autres arrivaient : cela devenait limite énervant car notre arsenal n'était pas non plus

infini et cela allait vite devenir problématique. C'est à ce moment-là que Lisa prit son téléphone.

- Vous voulez jouer, bande de sales cons ? Il n'y a pas de soucis, on va bien rire !
Ici Capitaine Ruiz ! Envoyez- moi tous les hélicoptères disponibles à Mane dans les Pyrénées à la Villa Belinda, nous somme à bout de forces !
-Nous sommes là dans cinq minutes, nous sommes partis il y a 1 heure, à la suite de l'appel du général Hubert Granger qui suit l'assaut depuis un petit moment. Vous allez le voir arriver d'ici peu avec son équipe.

À ce moment, trois hélicos des forces de la NAVY, de l'armée de l'air et terre arrivaient, de soldats sortirent de chaque côté, Famas et armes lourdes en mains et se mirent à tirer dans tous les sens. Les forces armées venues nous épauler eurent un effet dévastateur sur les troupes du cartel Santini.

- Force C pour Chris ! Besoin de renfort immédiat à l'arrière de la maison ! Ces enfoirés nous encerclent de plus en plus. Je ne comprenais pas comment ce cartel avait réussi à avoir autant de monde !
- J'arrive tout de suite avec du renfort. RPI5 pour Chris ! Besoin de renfort à l'arrière.

Les chiens arrivèrent en même temps que moi sur l'arrière de la maison avec différents soldats qui attendaient mon ordre de rentrer en combat.

A ce moment-là, un mec se rua sur moi et se ramassa au sol à la suite de mon esquive, ce qui le rendit fou de rage.

-Tu vas me le payer, tu as osé, à moi le grand Santini, me faire ce coup-là.
Il sortit alors son pistolet que je désarmai d'une facilité qui lui fit sortir les yeux des orbites, s'élança sur moi en commençant un combat à mains nues. Le Santini n'était pas du tout solide sur ses appuis ce qui me fit rire car il n'avait aucune chance contre moi.

Après une chance que je lui lançai de m'assener un coup de poing, je le fis basculer par-dessus mon épaule en lui mettant les menottes.

Au même moment, les cinq hélicos que Lisa avaient appelés arrivèrent et les différents soldats encerclèrent la maison.
- La maison est encerclée, cela ne sert à rien de continuer. Déposez vos armes à vos pieds. Si vous continuez, nous utiliseront la force.

Je reconnus la voix comme étant celle du Général Georges Granger. Après deux minutes, le cartel Santini lâcha une par une ses armes et se fit embarquer par les différentes organisations en présence.

- Salut Hubert ! Comment as-tu su que j'étais en difficultés ?
- Depuis notre dernière rencontre, je te fais suivre par différents hommes à moi car je voulais t'aider à mon tour.
- je t'avais dit que ce n'était pas la peine mais je te remercie pour ce que tu as fait.
- Tu as sauvé ma famille, il est normal que je t'aide.

Une fois toutes les constatations faites par les différentes organisations territoriales, nous commençâmes à nettoyer les différents terrains de la propriété.

La grand-mère de Jérémy et différents soldats commencèrent à faire un festin car ces épisodes de combats nous avaient quand même donné faim.

- Pour ceux qui veulent rester dormir, j'ai différentes chambres de libres ainsi que des tentes.

Les soldats de Francazal ne pouvaient pas rester étant d'exercice le lendemain mais ceux de Pau et d'Argelès restèrent à la soirée.

Le repas fini, les différentes tables de fortune mises en place, tout le monde s'installa pour manger avant de piquer une somme bien méritée car il était déjà 11h00 et le travail de nettoyage du terrain avait pris au moins 4h00, ce qui montrait à quel point le combat avait été ardu.

Le général Granger vint vers moi.

- Christelle, je voudrais que ton équipe et toi viennent d'ici une semaine ou deux à Paris : j'ai une surprise pour vous !
- Avec plaisir, Hubert mais fais-moi pas le coup de me faire une réception surprise
- Qui de dit que ça serait ça ?
- Tu sais très bien que je commence à te connaître par cœur et que cela est ton genre. Cette phrase le fit rigoler ce qui n'était pas souvent.
- Tu verras cette fois tu ne vas pas être déçu.
- Tu me fais peur quand tu dis ça. lol.

Après une bonne journée de détente, les différents soldats rentrèrent dans leurs casernes respectives

Une semaine plus tard, mon équipe et moi filions vers Paris pour voir ce que nous avaient réservé le Général Granger ce qui me fit peur tout en étant impatiente à la fois. Je ne savais pas quoi penser car depuis une semaine et malgré quelques conflits à différents services de la capitale, rien n'avait fuité de ce qu'il me réservait.

Après deux heures d'hélicoptère, nous arrivions sur les lieux, plusieurs voitures étaient déjà garées et je compris que ce ne serait pas une simple réception.

En effet, différentes voitures de luxe étaient garées, nous pouvions voir des Lexus, Maserati et Ferrari, ainsi que des véhicules plus sombres composés de différents blindages.

A notre arrivée, deux hommes peu sympathiques se tenaient devant la porte avec différentes armes non dissimulées

- Je voudrais vos invitations, s'il vous plaît !

Je regardai dans mon sac et je me rendis compte que je les avais oubliées dans ma sacoche dans la cabine de pilotage.

- Excusez-moi mais j'ai oublié les invitations ainsi que celles de mon équipe mais nous sommes attendus par le général Granger qui m'a demandé de venir à cette soirée.

- Patientez une seconde, je me renseigne.
- Lancelot pour Balou, j'ai une personne qui me dit que Goliath les a invités mais ils ont oublié leurs invitations : elle s'appelle Christelle.
- Ecoute-moi, tu la laisses tout de suite passer où je te préviens, demain, tu retournes à la circulation !
- Madame, vous pouvez passer avec votre équipe, encore désolé.

- Ne vous inquiétez pas mais la prochaine fois, renseignez-vous sur les personnes attendues.

Après le passage des portiques, nous arrivâmes dans une salle d'auditorium et là je commençai à ne plus comprendre ce qu'il se passait : la salle était remplie de personnes, l'estrade était en granit et les murs en pierres de roches, ce qui la rendait plus impressionnante.

Une fois assis, je reconnus plusieurs personnes des organismes pour qui je travaillais ainsi que différents hauts gradés militaires ainsi que des millionnaires que j'avais protégés dans différents endroits du monde. Je commençais vraiment à me demander ce qui m'attendait, quand Hubert prit la parole.

- Bonjour, nous sommes aujourd'hui présents pour remercier une personne qui a du charisme, qui ne joue pas, qui relève les défis, une combattante hors pair, qui réalise des missions aux quatre coins du monde depuis maintenant 20 ans. Elle a été pour nous un soutien sans faille. C'est pour cela qu'aujourd'hui je vous ai fait venir car tout le monde dans la salle la connaît, elle vous a un jour ou l'autre aidés et peut-être même sauvés. Donc nous allons commencer par M. et Madame Snider.

- En effet, Général, nous somme vivants grâce à cette personne : il y a maintenant 20 ans, Christelle commençait sa carrière en tant que garde rapproché à Sydney. Nous étions menacés à cause du métier de mon mari. Les US Marshall nous ont mis sous sa protection. Les six premiers mois tout se passai bien, jusqu'à ce soir de neige où Christelle nous a réveillés, les différentes alarmes extérieures se sont déclenchées : cinq malfrats essayaient de nous tuer. Ce jour-là, elle est restée calme et concentrée, elle nous a fait

rentrer dans les murs de la maison et as désarmé les différents assaillants tout en les immobilisant et a réussi à leur soutirer différentes informations qui nous permirent de savoir d'où venait la menace et ainsi retrouver une vie. Encore merci Christelle !

- Maintenant, reprit le général, je vous présente Maître Hatamoto qui nous vient d'un petit village du Japon.
- Bonjour tout le monde, je suis venu pour vous expliquer ce que Christelle a fait pour nous. En effet, elle nous a sauvés ma fille et moi durant un conflit avec un cartel Yakusa. Ce combat a été ardu et j'en garderai quelques traces mais cette guerrière est géniale et ne se laisse pas abattre même quand la situation est tendue. Hatamota la salua avant de s'asseoir de nouveau.

Je reconnus une amie que je n'avais pas vue depuis un moment.
- Christelle, tu sais très bien que je ne pourrai jamais faire autant que ce que tu as fait pour moi ! Tu m'as sauvée de Dean quand la situation n'était plus tenable, tu m'as soutenue dans ce moment difficile. Je t'adore !

Et pendant quelques heures, les éloges fusèrent quand enfin le général Granger prit la parole à son tour.
- Pour ma part, je ne remercierai jamais cette amie qui est comme de ma famille, nous luttons ensemble contre les cartels et différentes organisations depuis maintenant plus de 20 ans. Il y a quelque temps elle a sauvé ma filleule qui avait été enlevée. Je voulais te remercier pour ce que tu as fait ainsi que de ce travail impeccable depuis maintenant 20 ans. Je te demande de me rejoindre sur l'estrade aujourd'hui Christelle.
- Merci Georges pour cette surprise. Je ne m'attendais pas à cela et cela me touche vraiment.

- Christelle, je t'ai fait venir aujourd'hui pour te faire décorer de la légion d'honneur à la suite de ton courage, ton dévouement depuis toutes ces années.
Une dame arriva à ce moment et ouvrit la boîte qui contenait la précieuse médaille et me la tendit.
-Merci. Je ne sais pas quoi dire : cela est un honneur pour moi et j'en serai digne jusqu'au bout.

Toute l'assemblée applaudit et se dirigea vers la salle du buffet. Nous pouvions voir différents clichés de mes missions dans différentes régions du Japon en passant par les Etats-Unis et l'Irlande.

Le champagne coulait à flots et au bout de deux heures, la soirée prit fin. Nous retournâmes chez George qui nous réservait encore une surprise.

En effet, en arrivant chez lui, nous pouvions voir que la décoration extérieure avait était mise et que la maisonnée s'activait aux fourneaux. Je reconnus différents collègues de la DGSI et des US Marshall ainsi que Dawn et Rori qui semblaient proches depuis la dernière fois que je les avais vus et la surprise de voir Kevin un de mes anciens collègues qui ne m'avait pas donné de nouvelles depuis quelques temps.

- Salut tout le monde ! La reine de la soirée est là !
- Georges, tu n'étais pas obligé, regarde le travail que cela a dû être. Ils ont dû travailler toute la journée pour ça !
- Christelle, c'est toi qui es à l'honneur aujourd'hui et pour cette raison une fête devait être organisée.

- Salut tout le monde, comment allez-vous depuis le temps ?
- Ecoute plutôt bien : Dawn et moi nous sommes ensemble maintenant et cela est grâce à toi car sans la mission, nous ne serions jamais revus.

Tout le monde s'installa sur l'énorme sofa et ainsi nous continuâmes à discuter quand je vis Kevin qui me faisait un signe discret pour que je le suive.

Il prit la direction du jardin et là je compris que ma prochaine mission n'allait pas tarder.

- Christelle, j'ai besoin de toi car je ne veux confier cette mission à personne d'autre, tu as carte blanche sur la composition de ton équipe sachant que je serai de la partie.
Depuis trois semaines, je reçois des menaces de mort, ma villa de Newport a été vandalisée avant-hier et hier j'ai reçu un message.
- Que dit ce message ?
- Ils veulent prendre d'assaut la villa de Georges car ils ont fini par savoir qu'Amanda était ici, je voudrais qu'elle soit sous ta protection.
- Attends ! Pourquoi ils veulent s'en prendre à une adolescente de 15 ans, cela n'a aucune logique.
- Amanda est ma fille, je m'en occupe seul depuis maintenant trois ans, depuis que Kelly a disparu en mission. Son père est Sean O'connor de la mafia Irlandaise.
- Dis-moi, tu as rencontré Kelly quand tu étais en infiltration à Dublin pour démanteler le réseau d'O'connor et tu n'as pas trouvé mieux que de draguer sa fille ?
- On ne contrôle pas les sentiments, elle m'a plu tout de suite. Mais depuis qu'elle a disparu, je pensais que ce moment allait arriver, le message c'est lui, j'ai reconnu sa voix.
- Comment il a su qu'Amanda était ici, à Newport ? J'ai une photo de George avec nous, j'ai vraiment été bête.
- Attends ! C'est toi le neveu de George ?
- Oui, toutes les personnes qui sont là ce soir sont de la famille.
- Est-ce tu veux me dire que tu as fait venir les cent personnes

présentes pour cette raison ? Tu leur as parlé de la situation ?
- Pas encore. Je voulais que tu sois là ; ils veulent attaquer la villa d'ici quatre jours.
- Ils vont avoir une sacrée surprise car personne ne sera là à ce moment
- Comment ça ? Rachel ne va pas apprécier !
- Il n'y a pas d'autre choix possible.

Après la discussion avec Kevin, je réfléchis à comment j'allais gérer cette situation complexe car cent personnes à planquer jusqu'à ce que mes hommes soient prêts, cela prendrait au moins une semaine.

Donc, la seule solution possible était de partir demain pour ma villa en Bretagne car c'était la seule à pouvoir accueillir autant de monde. Maintenant, il restait à prévenir tout le monde.

- Excusez-moi, j'ai parlé à Kevin tout à l'heure. Vous êtes tous à partir de maintenant sous ma protection et celle de mon équipe de Paris, Strasbourg et Brest.
-Attends, Kévin. C'est pour ça que tu nous as tous réunis ! Il se passe quoi ?
- Ils ont deviné où se trouve Amanda.

A ce moment, Georges se leva, alla à une armoire en merisier et tapa de nombreux codes sur un clavier

- Ce salaud veut jouer à menacer ma famille ! Pas de problème, mon équipe est prête à nous suivre et en attendant demain, regardez bien à gauche.

Une porte s'ouvrit, laissant place à une pièce remplie d'armes

- Vous pouvez vous en servir à n'importe quel moment et en attendant, je vais me renseigner sur qui nous as trahis. Christelle, comment partons-nous demain ?
-Georges, Walther Granger... Peux-tu nous expliquer ce qu'il se passe, qui menace ma nièce ?
- Ils ne la menacent pas, ils veulent juste la récupérer et c'est hors de question qu'elle traîne avec cette escroc d'O'connor.

A ce moment, Justin se leva du canapé :
- Attends ! Tu parles du chef de la mafia irlandaise ? Qu'est-ce qu'il a à voir avec nous ?
- C'est le père de Kelly, j'avais pensé qu'en venant ici avec Amanda, il ne nous trouverait pas mais j'étais loin de penser qu'il fouillerait ma villa de Newport où il y avait une photo de moi et Georges.
-D'accord, je connais bien son dossier : les Marshall d'Irlande son sur lui et s'il veut jouer, on va rigoler.

Justin pianota sur son téléphone et attendit qu'un interlocuteur réponde

-Peter, c'est Justin, envoie toute suite une équipe chez le Général Granger à Paris, on a notre chance pour coincer O'connor. Je t'expliquerai, t'inquiète, c'est du béton, mais il me faut nos meilleurs éléments.
-Pas de problème, on est là demain matin à 6h00, le temps de prévenir mes gars !

Pendant ce temps, je vis Georges au téléphone et je compris que lui aussi dressait une équipe.
- Oui, Sam. Que tout le groupement du RPMA et des commandos se rendent le plus rapidement chez moi, pas le temps de t'expliquer.

Toute la maison était au téléphone avec différents services, c'est à ce moment-là que Rachel prit la parole.

- Il n'y a pas de raison, je préviens mon équipe aussi, Georges, je dois te dire que depuis deux ans, j'ai repris du métier.
- Comment ça ? Tu es retournée au MI-6 ?
- Je m'ennuyais ; j'avais besoin de bouger. Maintenant, je les préviens.

Rachel se dirigea vers une bibliothèque et prit un livre qui commandait en fait la porte d'une pièce dissimulée par celle-ci. Elle appuya sur un bouton et dit distinctement

- Agent en détresse, besoin de tous les agents disponibles demain matin à 6h !

Le lendemain matin, une véritable armée était dressée. Nous pouvions voir vingt US Marshall arrivés d'Irlande et d'Ecosse, quarante espions du MI-6, quarante-cinq militaires ainsi que quatre-vingts commandos prêts à en découdre.

J'appelai l'aéroport de Beauvais pour savoir si mon jet était prêt et après validation, les centaines de voitures démarrèrent à l'unisson pour ce déploiement peut conventionnel.

Arrivé à l'aéroport, l'ensemble des personnes monta dans le jet direction ma villa de Plouër-sur-Rance.

Après les conformités d'usage auprès de la tour de contrôle, nous décollons.
Après une heure de vol, les hauteurs de ma villa se matérialisèrent. Je commençais la descente vers ma piste

d'atterrissage personnelle et une fois posé, je rentrais dans le hangar.

- Mesdames, Monsieur, vous êtes arrivés à destination, la température extérieure est de 5 degrés, espérant que vous avez fait un agréable voyage sur le CZ67810.

C'est ainsi que l'ensemble des équipes sortirent leurs affaires et se dirigèrent dans la villa qui était la plus splendide de mes acquisitions.

- Mais quelle baraque de ouf ! Elle s'étend sur combien d'étages ?
- Sur exactement sept étages ; tu as une piscine intérieure au rez-de chaussée avec une cuisine américaine et un salon dernière technologie. Au deuxième étage, salle de sport et salle de jeu et les reste des étages se sont des chambres.

- C'est trop génial ! On va rester combien de temps, ?
Au regard de Kévin, je pris la parole :

- Autant de temps que nécessaire. Viens, je vais te montrer les premières pièces

Après avoir fait le tour des étages, je commençais avec Rachel et différents agents du MI-6 à faire à manger ainsi qu'à préparer les tables d'appoint tout en guettant les écrans de contrôle car nous n'avions pas encore préparé les dispositifs d'usage qui étaient prévus, eux, en début d'après-midi.

C'est ainsi que l'ensemble des forces en présence s'installèrent pour manger les différents plats locaux, accompagnés d'un verre de Chouchen, boisson locale au goût prononcé de miel.

Une fois fini, les différents soldats préparèrent quelques pièges reliés à un dispositif d'alarme, tandis que les agents du MI-6 installèrent plusieurs caméras connectées au Smartphone afin de savoir quels secteurs étaient déclenchés. Tandis que Kévin et Georges, eux, préparaient le plan d'attaque et le déploiement des équipes.
Les US Marshall installèrent plusieurs drones de surveillances à 5km de chaque côté de la maison afin de savoir quand les assaillants arriveraient.

Après plusieurs heures de dur labeur, je pensais qu'il était temps de se détendre un peu, je regardais les gars et je leur demandai de se pousser.

- Christelle, je veux bien me pousser mais ta piscine est trop petite pour tous nous accueillir.
- La piscine intérieure, oui mais l'extérieure, non !
- Mais il n'y a pas de piscine extérieure : il y a juste une terrasse de 300m^2 !

A ce moment, je pris une télécommande qui était posée sur la table et j'appuyai sur un bouton. La terrasse se replia pour laisser place à ma piscine qui venait d'être terminée l'été précédent. Tout le monde me regarda, étonné par ce nouveau procédé.

D'un coup, les US Marshall arrivèrent avec leur short de bain, posèrent leurs holsters à portée de main et sautèrent à l'eau.

- Mais en plus, c'est qu'elle est chauffée ! Je resterais bien en mission pendant une année dans cette villa de rêve.
- Peter, n'oublie pas la mission quand même ! lol
- Je l'oublie pas mais ça va faire à peine 48h00 que je suis rentré de Malibu, alors qu'est-ce que ça fait du bien de se détendre un tout petit peu.

Après le dîner, la plupart des agents préparèrent leurs armes les plus performantes. Nous pouvions voir des Famas, des CZ ainsi que des Taurus 1911.

Pendant ce temps-là, John, Amanda et Kévin étaient assis en train de regarder un film auprès de la cheminée car le temps se refroidissait vite en cette saison.

Quant à moi, je partis une heure faire des courses car le garde-manger déclinait à vue d'œil vu le monde qui était présent. Je sillonnais les routes de campagne tout en vérifiant que les drones étaient toujours en état de fonctionnement.

Après quinze minutes de route, j'arrivai à destination. Je pris de quoi tenir au moins une semaine car cuisiner pour une centaine de personnes n'était pas simple : j'optai pour des salades composées ainsi que des céréales pour les petits déjeuners accompagnés de plusieurs jus de fruits.

Je savais qu'on avait encore un peu de temps devant nous avant que notre position ne soit découverte. Avant de partir, j'achetai quelques DVD pour Amanda ainsi que plusieurs magazines people.

Arrivé en caisse, je déposais l'ensemble des articles qui ne passait pas inaperçus vu la quantité de produits que j'avais. Plus j'en mettais, plus je voyais la tête de l'hôte de caisse se décomposer car elle avait au moins pour une dizaine de minutes avant de passer à un autre client.

Et c'est ainsi qu'après vingt-trois minutes, j'installai les différents produits dans ma Ford 1980 qui était la voiture que j'avais pour les chemins vallonnés de cette région fort agréable.

Je montai dans la voiture et commençai à faire une petite pointe de vitesse car conduire ce tank était un véritable plaisir même si la voiture était ancienne, elle avait du caractère et du charisme. Je l'avais achetée à un collectionneur Belge six mois auparavant dans une foire aux voitures américaines et en aucun cas, je ne regrettais mon choix.

Au bout de quinze minutes, j'arrivai à destination et fermai mon portail dernier cri avec épaisseur blindage chrome et commençai à descendre les courses avec quelques membres des US-Marshall présents.

Après avoir déposé les courses, John et Kévin décidèrent de cuisiner une salade italienne à base de Feta, de tomates, de riz et d'olives agrémentée d'une sauce aux pestos.

Une fois la salade finie, les troupes se mirent à table et commencèrent à manger. Seule Amanda se leva de table.

Je compris que quelque chose n'allait pas et je décidai de la suivre vers la pièce à côté du salon.

- Qu'est ce qui ne va pas, Amanda ?
- Je ne suis plus une gamine, je veux savoir ce que vous me cachez maintenant car vous n'allez pas me faire croire que c'est normal qu'il y ait une centaine de soldats prêts à combattre dans votre maison.
- D'accord... ta famille est en danger ! C'est pour cela que je suis là, c'est mon boulot de protéger les personnes.
- Ah et vous croyez que je ne peux pas me défendre seule, je pense que mon père n'a pas compris que chaque année, le camp de vacances où j'allais, ne dispensait pas des cours d'équitation.
- Qu'est-ce que tu veux dire ?
- Je suis membre actif de l'espionnage américain depuis maintenant deux ans et vu ce que vous venez de me dire, je vais

contacter des agents locaux. Ne t'inquiète pas, ils seront tous majeurs sauf un.

A ce moment, Amanda prit un téléphone satellite et composa un numéro.

- Riviera étincelante pour le druide
- J'écoute Riviera étincelante
- Besoin de renfort immédiat au 55 rue des kiwis à Plouër-sur-Rance. Agent en détresse, menace concrète et sérieuse, besoin des agents Brenda et Ethan Smith, de Julien Richard dit « l'océan des ténèbres » ainsi que des agents Santiago, Lumos et Baurin.
- Reçu pour le druide. Nous serons là d'ici deux heures ; je prendrai en plus trois agents de groupe A et cinq du groupe B.

- Amanda, cela ne me pose pas de problème, au contraire, mais je te laisse expliquer à tous ce que tu viens de faire, nous n'avons rien à nous cacher
- D'accord pas de problème ! Il était temps ! Ça va faire trop longtemps que je cache ce secret.
- Allons rejoindre tout le monde.
- Oui mais avant, il faut que je prenne un truc dans mon sac, je reviens toute suite, je te rejoins à table.

Je m'installai sur ma chaise en regardant Kevin et lui fis signe que tout allait bien

À ce moment, Amanda revint dans sa tenue de combat, avec trois armes mises dans un Holster et commença à parler.

- Maintenant, les secrets c'est terminé ! Je veux savoir ce que vous me cachez, je sais que je suis en danger mais je veux savoir par qui pour pouvoir briefer mon équipe qui arrive.
- Amanda, c'est quoi cet attirail ?

- Papa, il faut que je t'avoue quelque chose : je suis agent gouvernemental américain depuis maintenant deux ans !
-Mais attends ! Les seules fois que tu partais de la maison, c'était pour aller pratiquer l'équitation dans le Montana.
- Ce n'était pas de l'équitation, je poursuivais ma formation d'agent. Maintenant je veux savoir qui me menace.
- Il s'agit de Sean O'connor
- Pourquoi cet escroc d'Irlande me menace-t-il ?
- Comment tu le connais ?
- J'ai démantelé un de ces réseaux à Denver mais on n'a pas réussi à démontrer son implication.
- Sean O'connor était le père de ta mère mais quand ta mère m'a demandé d'arrêter mon infiltration de l'époque et qu'elle me suivait car elle ne pouvait plus cautionner ces agissement, nous sommes partis en France.
- Tu ne me dis ça que maintenant, je te jure qu'on va avoir une discussion toute à l'heure ! De toute manière j'ai une équipe qui arrive d'ici deux heures
-Comment ça ton équipe ?
- Oui, j'ai demandé mon équipe d'urgence 4. D'ailleurs, Dawn, ton père et ta mère arrivent avec onze agents secrets français : ils viennent de m'envoyer un message.

Deux heures plus tard, la sonnerie du portail nord retentit, nous le savions déjà grâce à l'efficacité des drones que c'étaient les renforts qu'avait demandés Amanda. J'allai ouvrir le portail et les aider à porter leur arsenal imposant.

Nous pouvions voir que les agents étaient entraînés soit par les armes qu'ils avaient ou leur physique irréprochable.

Nous commencions à avancer quand Amanda se jeta au cou d'un agent et l'embrassa à pleine bouche.
- Tu m'as manqué mon cœur !
- Toi aussi princesse, mais si je comprends bien, je vais enfin connaître ton père, tu crois que je dois laisser mon holster ouvert au cas où il m'arrache les yeux lol.
- Mais arrête de dire des bêtises, il va t'adorer !

Je compris que la rencontre avec le copain de sa fille allait être drôle. Nous rentrâmes tous dans la maison, suivis de près par Amanda et Julien.

- Les renforts sont là, les gars et Kévin, ta fille nous as fait une surprise, je crois qu'il va falloir t'asseoir !
- Julien Richard ! Je pensais bien qu'à un moment, ma fille allait enfin nous présenter.
- Mais papa, comment étais-tu au courant ?

- Tu crois que je suis aveugle, je te rappelle que je suis policier et j'ai les moyens d'avoir des infos sur les jeunes que voit ma fille et le coup d'aller chez Jessica presque tous les week-end... Au bout d'un moment, il fallait penser que ton alibi n'allait pas tenir.
- Enchanté Monsieur, ça ne vous dérange pas qu'elle m'ait appelé ?
- Au contraire, ça me donne l'occasion de vous rencontrer.

Quant à Brenda et Ethan, ils étaient en discussions avec Rori et Dawn et semblaient régler un contentieux entre eux.
-Qu'est-ce qu'il se passe ?
- Rien de grave, c'est juste qu'on vient d'apprendre que Dawn et Rori sont ensemble depuis un mois et qu'elle ne nous en avait pas parlé avant.
- Maman, c'est juste qu'on a eu un emploi du temps chargé avec mon boulot au palais de justice et les infiltrations de Rori mais

après la mission, on se rattrape et on part tous ensemble en Irlande.

Je montrai aux différents agents les pièces qui restaient libres afin qu'ils puissent déposer leurs affaires et ainsi préparer leurs armes et vu les valises qu'ils avaient, je pense qu'il y en avait beaucoup.

Quand je vis l'arme d'un agent, je m'arrêtai net.
- C'est un Alaskan en 44 Magnum ?
- Oui, tu connais ?
- C'est ma prochaine acquisition : il est magnifique !
-Oui c'est une de mes meilleures armes. Je l'ai achetée à Nantes l'été dernier.
- Au fait, je me présente : agent Baurin. Ma spécialité, c'est le combat au sol.
- On fera un entraînement demain, si tu veux.
- Ok ! Avec plaisir !

Après une nuit réparatrice, l'heure était venue de préparer la table pour le petit déjeuner.

Au moment où j'arrivai à la cuisine, je vis qu'Amanda et julien avaient déjà mis le couvert et sorti les céréales. Amanda avait installé un double holster à sa ceinture et je lui demandai ce qu'elle avait comme arme.

- A ma gauche, c'est un Ruger 357 Magnum et à droite un Taurus 1911 nickelé et en holster de cheville, j'ai un Taurus en 357 magnum en 4 pouces. Et toi, tu as quoi ?

- J'ai quatre pistolets de différents calibres à la ceinture et un revolver à chaque cheville et toi julien ?

- Un Beretta 9mm à gauche, un Desert Eagle calibre 50 à droite,

un fusil à pompe de type Fabarn dans le dos et à chaque cheville un colt cobra.
-Impressionnant comme armes et autrement niveau sport de combat ?
- J'ai commencé le Krav Maga il y a deux ans, autrement pendant plus de cinq ans, j'ai pratiqué le Yoseikan budo qui est un mélange d'arts martiaux.

A ce moment, différents militaires arrivèrent pour déjeuner, j'allai donc chercher d'autres bouteilles de jus d'orange dans le cellier et je vis que julien me suivait.

- Christelle, je voulais te demander… La menace autour d'Amanda est sérieuse ? Elle ne veut pas m'en parler. Je sais les bases mais elle ne veut pas me dire qui la menace.
- Ce que je peux te dire c'est qu'elle est menacée par un cartel qui veut la récupérer à la suite d'un règlement familial.
- Lequel ? Les Cartoza, les Zapatero, les O'Conneli, les Flaherty, les O'connor ?
- Tout ce que je peux te dire c'est qu'un des cartels est le bon, c'est à Amanda de dévoiler le reste des informations.
- Christelle, ce que je peux te dire c'est qu'ils ne l'auront pas.
- Sur ce point, je suis d'accord avec toi.

Et après cette discussion, nous rentrâmes dans la cuisine pour donner les bouteilles de jus de fruits à notre équipe des plus diversifiée.

- Salut Georges, comment tu vas aujourd'hui ?
- Bah écoute, normalement, à cette heure, je suis au stand de tir car chaque dimanche, je tire une centaine de cartouches mais là c'est assez compliqué sans réveiller les voisins.
- J'ai ce dont tu as besoin : au N-4, j'ai une salle de tir personnelle, si ça te dit, soit avec cible cartonnée ou un parcours

sur cible bougeante.
- Tu es incroyable !

Après le petit déjeuner Amanda, Julien, Georges et moi allâmes à la salle de tir qui était elle aussi été reliée aux caméras extérieures grâce au système géothermique.

Chacun s'installa avec ses armes favorites : pour Georges, c'était son Colt 9 mm qui était l'arme avec laquelle il avait fait la plupart de sa carrière ; Amanda, elle, prit son Taurus en 4 pouces et je fus étonnée par l'arme qu'avait pris julien, un Fire Arms Dueller. Je n'en avais jamais vu auparavant et au bruit de tir, on pouvait constater que le recul était puissant.

A ce moment, je reçus un message d'un ami policier de Paris : le cartel avait frappé, la maison était dans un état pitoyable, il m'informa que les Irlandais arrivaient sur la Bretagne car un indice avait été laissé sur les lieux. Je compris alors ce que cela voulait dire, que nous avions une taupe parmi nous.

- Georges, tu peux venir une minute, s'il te plaît ?
- Oui, bien sûr !
- J'ai besoin de savoir : est-ce que tu as confiance en tous les agents qui sont avec nous ?
- Oui, pourquoi ?
- On a une taupe parmi nous.
- Comment ça, qui est ce scélérat ?
- Je ne sais pas, ce que je peux juste te dire c'est que cette personne a mis le cartel sur notre piste et qu'ils arriveront d'ici 4 heures à la villa.
- Ok ! Je protège ma nièce avec toi
- D'accord, je comprends.

A ce moment, j'appuyai sur un bouton pour déclencher l'alerte tout en parlant dans le microphone.

- Le cartel irlandais est en route, présence ennemie d'ici 4 heures que toute les équipes se préparent, que l'équipe 1 nous rejoigne au stand de tir, équipe 2 et 3 côtés Nord, équipe 4 côté sud, équipe 5 côté ouest et l'équipe 6 Est. Bonne chance, je vous préviens quand les drones détectent une présence.

Toutes les forces sortirent leurs armes, les chargèrent à l'unisson et prirent position. La tension était palpable !
L'équipe 1 était composée de mes hommes de Brest, Strasbourg et Paris ainsi que de Dawn, Rori, Brenda, Ethan, Georges, Julien et un Us-Marshall à qui je mis en évidence toute l'attention requise car il y avait une taupe dans la villa.

Au bout de trois heures, les premiers drones émirent un signal.

- Ok ! Ils arrivent du côté Nord. Attention les gars, je vois quinze voitures, éloignez-vous juste cinq secondes du portail, je ne vais pas leur faciliter le travail.

Je pianotai sur le clavier des caméras et mis les barrières métalliques en place de chaque côté des portails de la maison.

Nous pouvions voir les véhicules approcher de la maison, croyant avoir à faire à une simple villa mais au vu de la tête du cartel qui descendait des voitures, on devinait qu'ils étaient dégoûtés.

A ce moment, je pris l'interphone relié aux différentes entrées
- Bonjour, soit vous prenez vos voitures et circulez soit vous allez avoir du fil à retordre.
- C'est très simple, je ne partirai que quand ma petite fille sera en

voiture avec moi.
-Très bien ! Pour ça, il va falloir que vous arriviez à franchir mes portes et vous allez galérer un peu, je vous préviens, je ne suis pas seul et on est plus nombreux que vous.
- Vous mentez ! Dix soldats et policiers de la famille de Kévin ne feront pas le poids face à nous.
- Je tiens juste à vous informer que derrière mes grilles, vous avez une armée dressée à chaque entrée, la villa est protégée par les forces armées française, anglaise et américaine.
Je compris que mes mots le faisaient réfléchir.
- Très bien ! Vous ne me laissez donc pas le choix. Kévin, regarde qui est dans la voiture juste à côté.
- Non salaud, tu n'as pas le droit ! Quand l'as-tu enlevée ? Cette fois-ci tu as dépassé les bornes je n'aurai pas dû écouter Kelly et te tuer.
-Et oui, j'ai repris Kelly sur une mission qu'elle faisait en Italie, tu vois, et maintenant, ça va être autour d'Amanda et tu vas souffrir comme j'ai souffert.

Je réfléchis à un plan afin de sortir Kelly de cette position et je ne voyais qu'une façon pour la sauver.
- Je prends un émetteur. Quand je te donne l'ordre, tu appuies sur les deux boutons. Je vais ramener Kelly dans la salle avec nous !
- D'accord, j'attends ton signal.

Après dix minutes, je franchis le mur d'enceinte avec deux de mes collègues qui avaient l'habitude de ce genre de missions. Je pris les Irlandais à revers et arrivai derrière eux.

-Ne bougez plus et lâchez vos armes.
- Vous êtes 3 contre 5, vous n'avez aucune chance. A ce moment, je donnai le signal à Kévin qui actionna les boutons.
- Qu'est-ce que c'est ?
- Des tourelles qui sont prêtes à vous abattre sur le champ. Kelly,

viens vers moi.
- Merci Christelle ! Ce fou m'a faite prisonnière depuis maintenant deux ans. Je veux voir ma fille et mon mari.
- Le premier qui touche une des armes au sol est cuit, c'est compris ?

Et c'est comme ça que j'avais réussi à ramener Kelly qui se jeta dans les bras des siens. Pendant ce temps-là, je pris l'interphone : « vous avez perdu sur tous les bords, la police locale arrive ! A vous de réfléchir, soit vous déposez les armes soit vous êtes mort, tous mes snipers vous ont dans leur viseur. »

A ce moment, les policiers locaux arrivèrent et mirent les menottes aux hommes du cartel irlandais et les US-Marshall demandèrent à sortir pour raccompagner Sean O'connor en Irlande, ce que j'acceptai.

Mais juste avant qu'Amanda et moi ne soyons sortis de la salle de tir, des coups de feu retentirent. Je me retournai et vis l'US-Marshal s'étaler au sol et Julien tenir son fusil.

- Cet enfoiré allait tirer sur Georges et dire qu'on l'a depuis le début avec nous, depuis que tu nous as dit qu'il y avait une taupe dans la villa, je l'ai trouvé suspect et je ne l'ai pas lâché des yeux.

Nous sortîmes tous de la maison pour voir le cartel monter dans les voitures mais à ce moment-là, je vis Kevin partir vers une voiture et avant qu'on ne puisse le retenir, il envoya une rafale de coups de poing au chef du cartel et en profita pour lui dire :

- J'espère pour toi que tu ne sortiras pas de prison, car je te jure que si tu sors, je te retrouverai et je te tuerai de sang-froid.

C'est ainsi que je proposai à Amanda et quelques agents de rester une semaine avec moi pour profiter de la villa et tout le monde accepta. Ainsi, je pouvais maintenant que cette histoire était terminée faire visiter les alentours.

Nous décidâmes d'aller sur le marché de Perros. Les agents avaient mis une tenue plus adaptée que leurs attirails de combat.

Sept personnes voulaient venir au marché donc j'allais vers le garage où étaient garées différentes voitures. Je pris ma Jeep et Kevin, Amanda et Kelly montèrent avec moi tandis que les autres agents décidèrent d'essayer ma Mercedes S600 Guard de luxe qui m'avait été offerte par un riche promoteur à qui j'avais sauvé la vie, il y avait maintenant dix ans, dans la région de Denver.

C'est ainsi que nous partons sur les routes du marché couvert qui était surplombé par les roches de granit rose, à elles seules un véritable spectacle des plus magnifiques. A notre arrivée, Amanda fut conquise par ce paysage et on décida que nous passerions la journée à nous balader sur les sentiers touristiques de la région.

Nous continuions notre tour de marché quand je reconnus un membre des forces spéciales américaines qui me fit signe. Je laissais mes trois protégés sur la surveillance de mon équipe et allai le voir.

- Salut, Tom ! Ça faisait longtemps, je crois que ça remonte à la mission de Phoenix !
- Tout à fait ! A propos de ça, le Parrain de Phoenix vient de se faire la malle mais avant de partir, il a dit au garde encore en vie qu'il se vengerait de tous les agents qui avaient réussi à le faire tomber.
- On croyait qu'il rigolait mais il a déjà liquidé trois collègues ; c'est pour ça que je voulais te prévenir afin que tu fasses attention car tant que tu aies ici, tu ne crains rien car je suis le seul à savoir

que tu as cette villa.
- Merci de m'avoir prévenue. Si tu veux, tu peux rester, je suis encore là pour une semaine et après nous verrons ce que nous ferons pour le remettre en cage. Car j'ai encore du boulot avec le cartel irlandais que je viens de faire tomber.
- Félicitation depuis le temps qu'ils nous filent entre les doigts ! Je suis admiratif de ton talent !

- Tu es sûr que tu ne veux pas rentrer au sein des forces spéciales ?
- Tu sais bien que je suis bien freelance, je n'aime pas trop les contraintes et surtout j'adore voyager.

C'est à partir de ce moment que Tom se joint à nous et nous partons déjeuner dans un restaurant de fruits de mer avec toute l'équipe et après ça, nous pensions retourner à la villa pour profiter de la piscine vu la chaleur de plomb qu'il faisait.

C'est ainsi que nous partions vers le parking quand je vis mon ex qui était devant la voiture. Je compris qu'il revenait pour la énième fois à la charge ce qui me saoulait vraiment.

- Comment tu m'as trouvée, Clayton ?
- C'est un collègue de Paris qui m'a dit où te trouver. J'ai juste eu à lui dire que c'était urgent et il a fini par me raconter que tu venais de livrer une bataille titanesque à Perros.
-D'accord, mais qu'est-ce que tu veux ? Je t'ai déjà demandé de me laisser tranquille !
- Tu ne m'entends jamais je te lâcherai pas même si je dois te chercher aux quatre coins de la planète. Maintenant, tu rentres tout de suite !
- Je te demande de me lâcher sur le champ car j'ai mon équipe avec moi et jamais je ne retournerai avec toi. J'ai rencontré

quelqu'un depuis et je suis bien avec lui.
- Ok, je te préviens : tu vas me le payer très cher, je vais te montrer que je ne suis pas du genre à me défiler !

- Il y a un souci, Chris ?
- Ne t'inquiète pas, Tom. Il va partir sinon je vais appeler la gendarmerie locale afin qu'on l'expulse du territoire.
-C'est toi qui m'as pris ma femme, je vais m'occuper de toi !

D'une rapidité déconcertante Tom le fit voler dans les airs et Clayton se ramassa au sol
- Un conseil : laisse tomber, mec, car nous sommes une équipe et on sera toujours là pour elle si elle a un problème.
- Je n'abandonnerai jamais mais je vais partir pour cette fois.

Je savais qu'il disait la vérité mais je comptais prendre du recul avant de savoir ce que j'allais faire car je n'en avais aucune idée. Je savais qu'il était malheureux et je ne voulais pas encore lui faire plus de peine.

A notre arrivée à la maison, je décidai de changer tous les codes d'accès au sein de la propriété et je demandai à mes différents responsables de mes maisons de faire pareil car je commençais à prendre au sérieux les agissements de Clayton, plus le fait que Quentin Genson était en liberté.

Après tout ça, je préparais des cocktails hawaïens à mes hôtes qui les dégustèrent avec délice et tout le monde me regardait pour savoir où j'avais appris à faire des cocktails pareils.

- Quand j'avais 16 ans, je travaillais chez une amie qui tenait un bar à Honolulu et elle m'a appris différents cocktails.
- C'est incroyable, on dirait que tu as eu plus de cent vies pour apprendre tout ça.
- Non j'ai juste un credo : profiter de la vie au maximum !

- Je connais ce cocktail, ma grand-mère me faisait le même. Attends, je savais que je te connaissais lors de la mission à Phoenix : c'était toi la barmaid de Lyméa, !
- Nooon, le petit Tom ! C'est toi ? Je ne t'avais même pas reconnu tellement tu as changé.
- J'ai eu grand-mère au téléphone la semaine dernière ; elle m'a dit que tu comptais passer la voir dans un mois.
-En effet, je comptais prendre trois semaines pour aller l'aider au bar vu les touristes qui se font de plus en plus nombreux en cette saison.
- Je serai au bar aussi car maintenant j'ai des parts dans le bar. On s'est quand même bien agrandis depuis que tu aies venue : on surplombe la plage principale d'Honolulu.

C'est sur cette conversation que je poussai Tom dans la piscine.

- Je t'avais dit qu'un jour je me vengerai de la fois où tes copains et toi m'aviez lancé le seau plein de glaçons !
- Je croyais que tu avais oublié depuis le temps
- Pas du tout ! J'ai une excellente mémoire !

A ce moment, tout le monde se jeta sur moi et nous finîmes tous dans la piscine pendant au moins deux heures. Ensuite, je décidai d'aller faire les courses pour le repas du soir. Je comptais faire honneur à la cuisine hawaïenne en cuisinant un poulet HuliHuli.

Je pris alors la Subaru car cela faisait un moment que je ne l'avais pas conduit. Et c'est ainsi que je pris la route vers le magasin alimentaire le plus proche. Mais après dix minutes, je compris que j'étais suivi par une voiture que je ne connaissais pas. Avant même de prendre mon téléphone, je vis que Tom m'appelait :

- T'inquiète pas, je suis avec toi. La voiture qui te suit, c'est ton cher Clayton, tu t'arrêtes comme prévu sur le parking extérieur du magasin, cette fois ci j'ai prévenu moi-même la police locale ;

ils vont là-bas dans une voiture banalisée.
-Merci, car je ne savais pas qui c'était et j'ai cru à un moment que c'était Quentin Genson.
- Moi aussi ! C'est pour ça que j'ai transféré la plaque à mon équipe qui m'a confirmé que la voiture était achetée depuis une semaine.
- A tout de suite sur le parking.

Comme convenu, je m'arrêtai sur le parking extérieur juste à côté de l'entrée et avant même que je ne descende de ma voiture, Clayton arriva sur moi et sortit un couteau. Mais avant que j'avance pour le désarmer, Tom se jeta sur lui et le désarma. Cependant, Clayton se libéra de sa prise et commença à essayer d'envoyer des coups de poing à Tom qui les para d'une façon typique du KapuKuialua et en moins d'une minute, Clayton était immobilisé en attendant la police locale qui ne manqua pas d'arriver.

Après que les gendarmes avaient mis Clayton en état d'arrestation, je rentrais enfin dans le magasin avec Tom pour faire les courses.

- Comment t'a su que j'avais besoin de toi ?
- Je ne le savais pas, tu es parti avant que je ne te propose de venir avec toi donc je t'ai suivi pour te retrouver au magasin. Mais à une intersection, j'ai vu la voiture te prendre en filature, j'ai donc appelé mes collègues et la suite tu la connais.

Après une heure dans le magasin, nous étions enfin sortis et nous allions vers la voiture quand Tom reçut un coup de téléphone.
- Tom Kalakawa, j'écoute.
- Quoi ? Mais comment il a fait ? Personne ne connaît l'adresse de ma résidence secondaire, aucun membre de mon service ne l'a eue.

- Est-ce qu'il y a des blessés ?
- Non, votre responsable sécurité l'a fait fuir avec les nombreuses armes que vous aviez à domicile.
- Mais en attendant, vos propriétés sont toutes surveillées. Cependant, il y a un souci
- Quoi ?
- Une photo a disparu dans un cadre : celle de votre grand-mère avec l'adresse de son bar.
- Ok ! Je pars pour Honolulu dès demain. Prenez-moi la première réservation possible.
-Attends, Tom. Passe-moi le téléphone.
-Bonjour, c'est Chris, Tom était sur haut-parleur. Nous partons dès ce soir. Je demande que Lyméa soit sur la protection de Kyoshi Kalaka à Hawaï, je veux que vos services mettent tous les moyens de sécurité pour la protéger avant qu'on arrive car s'il veut nous mettre en rogne, je vais lui montrer ce que ça donne.
- T'inquiète pas ! Tout cela est déjà fait depuis trente minutes et on vient d'avoir comme info qu'un jet d'un partisan de Genson vient de décoller de Brèmes.

Nous rentrâmes à la maison avec mon gyrophare personnel qui nous aida à gagner quinze minutes sur le temps de route. Tout en conduisant je préparais mon équipe tant à Honolulu que sur Paris ; la moitié se rendait à l'aéroport dans les 20 minutes et se faisait transporter par un avion militaire.

A notre arrivée, j'expliquais la situation au reste du groupe : que nous devions partir et qu'ils pouvaient rester autant qu'ils le voulaient... mais tous coururent vers la maison chercher leurs armes respectives.

- Ne t'inquiète pas pour nous. Nous te suivons à Hawaï : à notre tour de te rendre service !
- Merci les gars ! Mais cet homme est vraiment dangereux !

- J'ai grandis avec un mafieux irlandais qui m'a enfermée pendant des années. Ne crois pas que Genson me fasse peur. N'oublie pas que j'ai aidé à le faire tomber il y a quelques années avant qu'il ne s'échappe de nouveau et que c'est toi qui arrives à le mettre de nouveau hors d'état de nuire.
- Ok, nous partons dans trente minutes, le temps de ranger toutes les voitures au garage, prendre mes armes et fermer la villa.

Trente minutes plus tard, tout le monde avait installé les armes sur eux ainsi que ceux qui étaient à l'arrière dans le râtelier installé à l'arrière du jet.

Tout le monde était en train de préparer le plan de défense avec les différents services.
Amanda qui était assise à côté de moi se connecta à son ordinateur et commença à lancer l'alerte aux jeunes espions qui étaient sur Hawaï. Les réponses firent écho et trente-cinq espions kids qui se rendaient sur les lieux quand l'un appela Amanda sur l'ordi.
- Oui, Amanda, c'est William, tu ne m'avais pas dit que Lyméa devait être en sécurité ?
- Si pourquoi ? Elle est à son bar en train de servir avec une armée de mecs qui font peur, mais je ne vois pas de policiers, à part Kyoshi.
- Salut William, c'est Chris. J'ai écouté la conversation quand j'ai vu que ça venait d'Honolulu. Tu peux me passer Lyméa, s'il te plait ?
- Je vais essayer car ces mecs ne rigolent pas et ils sont une cinquantaine
Nous pouvions entendre des bruits de projections et d'échange de coups quand les bruits cessèrent.
- Chris, je te passe Lyméa mais je te garantis qu'il a fallu que je mette dix mecs au sol avant de pouvoir te la passer.
- Chris, c'est Lyméa. C'est quoi ce bordel ? Me faire enfermer

pour une histoire de méchants... jamais ! Ne t''inquiète pas, mes élèves sont là et je te garantis qu'ils ne sont pas près de passer et mes fusils à pompe sont chargés. Je l'attends de pied ferme ce parrain de la pègre !
- Lyméa, se gars est dangereux, il ne rigolera pas.
- Moi non plus ! Mon petit-fils ne le sait pas mais je fais partie des forces spéciales et mes gars sont là avec moi et nous sommes armés jusqu'aux dents.
- Je peux informer Tom de la situation car je crois que s'il l'apprend sur place, il va être en colère.
- Pas de souci, t'inquiète !
- On sera là demain matin. Même si j'ai pris un raccourci, il est parti une heure avant nous donc il se peut qu'il soit là avant nous.
- Ne t'inquiète pas, j'ai des amis qui arrivent des quatre coins du monde.

Comme convenu, je demandai à Tom de venir dans le cockpit pour l'informer de la nouvelle.

- Tu voulais me voir Chris ?
- Oui, je viens d'avoir Lyméa au téléphone, tu veux la bonne ou la mauvaise nouvelle ?
-Dis, je sens que je vais être ravie, quel est le dernier coup de ma grand-mère ?
- Donc, elle est toujours dans son bar à Honolulu mais je conseille à Genson de ne pas se pointer seul car elle l'attend avec une cinquantaine de mecs armés jusqu'aux dents.
- C'est une blague, comment ça se fait qu'elle a réussi à monter une armée en si peu de temps ?
- C'est la nouvelle qu'elle me demande de te dire : depuis quelques temps, elle est dans les services secrets.
- C'est une blague ! Les collègues m'auraient avertie depuis le

temps que je travaille pour eux ! Remarque vu le nombre d'armes qu'elle a au bar j'aurais dû m'en douter.
- Sérieux, je n'en ai jamais vu.
- Normal ! Ils sont dans un passage secret sous le bar.

C'est ainsi que nous continuâmes notre route sans encombre jusqu'à Honolulu, tout en préparant nos différentes armes et en nous reposant car ce combat serait difficile.

C'est ainsi que nous arrivâmes à destination : nos voitures avaient été préparées par les agents locaux et nous nous dirigeâmes vers le bar de Lyméa au niveau de Honolulu Beach.

A notre arrivée, on vit les mecs qui gardaient le bar et on vit qu'ils étaient prêts au combat. Je constatai aussi que le bar avait bien changé depuis que je n'étais pas venue.

En effet, on pouvait voir différents agrandissements des terrasses qui surplombaient la plage principale.

Quand Lyméa nous vit, elle arriva vers nous, munie d'un Famas à pompes dernière génération.

- Comme tu vois Chris, Genson peut venir, il est attendu de pied ferme ! Il peut venir jusqu' à Honolulu pour savoir où se trouve mon petit-fils, je vois qu'il ne s'est pas renseigné beaucoup avant d'avoir pensé à cette opportunité.
-Comment tu vas Lyméa ? Depuis la dernière fois qu'on s'est vues, c'est incroyable, tu n'as pas changé !
- Je te renvoie le compliment, tu as juste l'air fatiguée ! Une fois que cet épisode sera terminé, tu vas rester quelques jours, il est hors de question que tu reprennes ton jet avec une tête comme ça.
- Il va falloir que je m'arrange mais pourquoi pas ? Comme je

devais venir d'ici un mois, les vacances sont juste un peu avancées.
- Regardez ces deux-là maintenant qu'elles se sont retrouvées, je joue juste le rôle de figurant. !
- Arrête de dire des sottises et viens voir ta grand-mère.
- Oui mais il va falloir qu'on s'explique. Comment se fait-il que tu ne m'aies jamais parlé de ton occupation secrète ?
Tu sais très bien que je ne voulais pas que tu t'en mêles. Va dans le local et prends ton revolver favori depuis le temps que tu voulais l'essayer.
- Comment tu le sais ?
- J'ai vu comment tu le regardais la dernière fois que tu es venu. J'ai aussi des nouveaux pistolets depuis. Choisis celui que tu veux.

C'est ainsi que nous préparions la défense du bar qui était devenu un véritable Bunker vu les différents services qui étaient sur les lieux. Après quinze minutes dans le râtelier, Tom sortit avec différentes armes à la ceinture dont un FireArms calibre 45 à deux canons qui était vraiment magnifique.

C'est ainsi que la plage était surveillée par la mer, les airs et sur terre, mais on trouvait bizarre que, vu l'heure tardive, Genson ne s'était pas pointé.

Mais pour cette occasion, j'avais ramené différents gadgets pour lesquels j'attendais de trouver occasion de m'en servir. Je plaçais les différentes caméras miniatures sur différentes vues périphériques avec un capteur infra rouge qui m'indiquerait tout passage dans le secteur.

Compte tenu de l'heure, je décidai de préparer à manger dans la maison de Lyméa qui était à côté du bar : c'était une grande

propriété ! En nous approchant, j'entendis des bruits de combat au sein de la villa ce qui me fit sortir mon revolver.

Trois colosses d'1m90 et au moins 100 kilos étaient au sol, tous ligotés.
L'appartement était dans la pénombre. Je décidai de rentrer quand j'entendis de nouveaux des bruits de combat à l'étage ; c'est ainsi que je décidai de monter.

Arrivée à l'étage, je vis différents malfrats assommés quand une personne arriva sur moi avec un couteau. C'est ainsi que je commençai un combat à mains nues. Lorsque je vis un défaut de garde, je le balayai, l'assommai d'un coup de poing et profitai d'une cravate pour l'attacher.

Mais, à peine avais-je fini de l'attacher qu'un homme me braqua avec son pistolet de la chambre d'ami de Lyméa.

- Je vous préviens, j'ai mis déjà sept de vos hommes au tapis, vous n'aurez pas Lyméa : elle est en sécurité ailleurs !
- Je sais bien, toute mon équipe s'occupe de sa sécurité !
- Attends ! Mais c'est quoi cette connerie ? Chris, qu'est-ce que tu fous là ? Excuse-moi avec la pénombre je ne t'avais pas reconnue.
- Tom, comment tu as faits pour arriver avant moi ! Mais attends tu as vraiment immobilisé tous ces gars ?
- Oui, quand j'ai vu tous les agents à la plage, je me suis dit que la maison n'était pas protégée et c'est ainsi qu'à mon arrivée, j'ai vu un carreau brisé. Je suis donc rentrée et la suite, tu l'as vue par toi-même !
- Pas de problème ! Je viens de prévenir la police : ils viennent chercher les gars, comme ça on saura ce que Genson prépare car pour l'instant, je n'en ai vraiment aucune idée car il n'est pas encore venu à la plage et ne pas savoir son plan n'annonce rien de bon !

- Peut être qu'avec les mecs qu'on a stoppés, ils vont nous le dire même si je pense qu'il va falloir être plus que persuasif car je te le dis : ils ont la tête dure !
- T'inquiète ! Je vais les interroger moi-même et ils vont finir par parler quand ils vont comprendre où ils sont car en se réveillant ils vont avoir la peur de leur vie.

C'est ainsi qu'une fois que les forces de police locale furent arrivées, je leur dis de les déposer au niveau du Volcano Déporté et que je viendrais d'ici deux heures les interroger ; ce qui fut pris par les forces avec une certaine nonchalance.

Nous expliquons alors à Lyméa ce qu'il s'était passé et nous prenons la route vers le volcano déporté qui était un endroit reculé d'Honolulu.

En arrivant sur les lieux, je pris mon accessoire pour interrogatoire appris aux Philippines certes drastiques mais efficace car jusqu'à maintenant, toute personne avait fini par lâcher les informations.

C'est ainsi que je montrai cette méthode à Josh et je décidai de commencer par le malfrat qui m'avait menacé d'un couteau. Tout d'abord, je commençai l'interrogatoire en douceur ce qui fit sourire mon ancien assaillant qui commençait à avoir une boursouflure au niveau du coin de l'œil.

- Je ne dirai rien, je connais trop Genson : il me tuera dès que je serai sorti !
- Pas de problème, mais d'ici cinq ans, il sera déjà sous les verrous. Mais toi, tu pourrais sortir plus tôt avec des

circonstances atténuantes.
- Je ne suis pas fou, je ne parlerai pas.

A ce moment, je compris que cela ne servirait à rien et décidai donc de le faire changer d'avis en lui montrant que j'étais plus dangereuse que Genson.
- Tom ? Tu peux lui enlever sa chaussette, s'il te plaît ?
- Pour quoi faire ?
- Tu vas voir la méthode des Philippines au niveau interrogatoire ! Quand des malfrats ne répondent pas à leurs questions, cette pratique est interdite mais efficace.

C'est ainsi que je commençai à ouvrir mon sac et à sortir les différents bambous et mon couteau.
- Qu'est-ce que tu vas faire avec ça ?
- Tailler les bambous en pointe et les glisser au niveau de l'ongle : cette méthode est très probante !
- Vous n'avez pas le droit de faire ça, je n'ai rien à vous dire !

Après avoir aiguisé mon premier pic de bambou je le rentrai sous son ongle ce qui le fit hurler de douleur. Après seulement deux autres tentatives, il nous avoua tout ce dont on avait besoin.

- Il est bien sur Hawaï mais il n'attaquera pas tout de suite : il a un plan pour vous, il va faire venir le gang irlandais qu'il vient de faire évader.
- C'est une blague ?
-Non ! Il a un temps d'avance sur vous : ils savaient que vous avez mis un terme aux Irlandais, c'est pour cela qu'il a passé un marché avec un US-Marshall et il sait où vous trouvez. A l'heure qu'il est, ils sont dans un jet vers Honolulu.

On sortit à toute de vitesse et chacun prit son téléphone pour prévenir les différents services ainsi que Kelly pour mettre Amanda en sécurité.
De plus, je prévins un des membres des US-Marshall qui devait emmener le père de Kelly en milieu carcéral : il me répondit qu'il venait juste d'être attaqué à la sortie de Phoenix.

Au vu de la situation, je décidai d'appeler des renforts supplémentaires car je commençai vraiment à en avoir marre de ce cartel irlandais.
C'est ainsi qu'au bout de deux heures, la plage était remplie de différents services gouvernementaux tous armés et prêts à en découdre.

C'est à ce moment-là aussi que je découvris que Tom avait plusieurs cicatrices au niveau des bras et une au coin de l'arcade. Je me promis qu'après cette épopée, je lui demanderais d'où venaient ses cicatrices.

Je vis Lyméa qui sortait différentes armes de son bar afin de les passer aux nouveaux arrivants qui n'avaient eu le temps que de prendre un pistolet avec eux.

J'espérais qu'avec un peu de chance, vu le nombre qu'on était, ils se laisseraient attraper et qu'on n'aurait pas besoin d'utiliser la manière forte.

Je continuais quand même avec Tom de mettre des pièges pour retarder nos assaillants afin de les prendre à revers si la situation le permettait.

C'est ainsi que la nuit passa sans souci conséquent depuis la dernière tentative de Genson.

Le lendemain, je suivais Lyméa qui devait aller se réapprovisionner pour le bar et nous en profitâmes pour discuter car cela faisait un moment qu'on ne s'était pas vues.

- Alors, comment se passe le boulot pour toi Chris ?
- Je n'arrête pas de courir à travers le monde, je suis débordée de boulot mais j'adore ça, je n'ai plus le temps de m'occuper de mes propriétés, je pense en vendre deux cette année.
- Je comprends. Mon petit fils n'est pas au courant mais moi non plus entre le bar et mes missions d'espionnage, je n'ai plus de temps à moi. J'espère qu'il finira par comprendre.
- Je l'espère aussi, mais je pense qu'il lui faudra un peu de temps car dans l'avion j'ai vu que ça lui a fait un choc.
- C'est sûr, il croyait sa grand-mère bien tranquille derrière son bar !

Pendant une heure, on continua les différentes courses quand une camionnette arriva en trombe sur nous. Je sortis mon Fabarn qui était dans mon dos et tirai dans les pneus afin d'éviter d'être renversées.

A ce moment, cinq personnes nous firent face et nous demandèrent de les suivre. Comme ils étaient non armés, je choisis de ranger mes armes, ce que Lyméa fit également à la suite.

- Je ne crois pas que nous allons vous suivre messieurs ! Vous êtes peut-être trois mais je pense que vous nous sous-estimez. Vous ne croyez quand même pas que, vu la situation, je suis venu seule.

Elle prit un émetteur et lança l'alerte. Aussitôt, trois motos se garèrent à côté de nous et trois Hawaïennes en descendirent, le regard indiquant qu'elles étaient prêtes à en découdre.

- Vous voyez vous avez deux possibilités, soit partir soit on vous met une raclée.
- On ne partira pas sans vous, et je pense que vous ne faites pas le poids.

Après cette réplique, les cinq adversaires se jetèrent sur nous. Je choisis de commencer par des enchaînements de boxe et de Brancaille qui est un mélange d'enchaînements de coups qui étaient utilisés en Grèce et importés ensuite dans le sud de la France.

Je n'eus aucun mal à neutraliser mon adversaire et c'est ainsi que je me suis permis de regarder Lyméa se battre d'une manière décontractée et avec agilité en effectuant différentes parades et contre-attaques de KapuKuialua.

Cet art martial me plut toute suite et je continuerais à m'y entraîner. En moins de cinq minutes, elle arriva à bout de son adversaire.
Les collègues qu'elles avaient appelés étaient aussi en train de menotter leurs assaillants.

Nous continuâmes nos courses pour pouvoir concocter un super repas tout en rigolant des cinq mecs qui étaient maintenant en prison.

- Tu veux qu'on fasse quoi à manger ?
- Je pense faire un saimin, un plat à base de noodles et de bouillon japonais, je ne pense pas que je t'ai déjà fait ce plat.
- En effet, je n'ai jamais eu cette chance !

Durant une petite heure, nous achetâmes les différents ingrédients pour la recette ancestrale de ce mets hawaïen.

Une fois les courses finies, nous prenons la route vers la côte est de l'île ce qui n'était pas notre route du départ.

- Lyméa ? Où allons-nous ? Tu n'as pas pris la même route que tout à l'heure.
- Regarde le SUV noir derrière : il nous suit depuis trois minutes, j'ai changé de route pour voir la destination qu'il prend.
- D'accord ! Par précaution, je vais prévenir Tom.
- Ils sont en route, ils m'ont dit qu'ils arrivent dans dix minutes, tu peux m'expliquer comment ils peuvent aller aussi vite ?

- J'ai bien mon idée mais j'espère qu'il n'a pas osé me faire ce coup-là !
- Tu peux m'expliquer ?

A ce moment-là, un hélicoptère se posa juste derrière nous et cinq snipers braquèrent le SUV. Je pus voir Tom sortir du poste de pilotage avec un mégaphone.

- Sortez de la voiture les mains en l'air ! Ceci est la première et dernière sommation !

Je vis alors Richard, un ancien collègue des NAVY Seal, sortir.

- Ne tirez pas, je suis avec vous ! Comment tu vas Chris ? J'ai entendu dire que tu avais des problèmes avec Genson.
- Oui comment tu l'as su ? Très peu de personnes sont au courant.
- J'ai toujours mes sources.
- Vous pouvez baisser vos armes : il est avec nous.

J'avançais pour lui dire bonjour. En arrivant à deux centimètres de lui il me prit par le cou et commença à m'étrangler.
- C'est très simple je suis là pour Tom et Lyméa, je suis devenu tueur à gages.

Il me prit mon pistolet et visa Lyméa : je profitai de cet instant pour le projeter dans un champ d'orties.
- Tu crois vraiment que j'allais me laisser berner ? Je savais déjà à l'époque qu'une personne nous trahissait dans certaines missions et j'ai toujours eu un doute sur toi. Mais ça se voit que depuis que tu as été viré des NAVY, tu es perdu, tu n'as même pas remarqué que le pistolet n'était pas chargé.

Les snipers prirent l'hélico avec l'ex-agent et Tom monta avec nous dans la voiture.

A ce moment, Lyméa se mit en colère.
- Tu as continué tes leçons de pilotage en dehors de ma juridiction, je ne suis pas contente, je t'avais dit d'arrêter. Tu sais très bien que je n'aime pas quand tu les conduis.
- Il faut que je t'avoue que, maintenant, je suis formateur en combats héliportés et j'ai passé différentes licences.
- Bon... On est quitte vu que je ne t'avais pas parlé de mes occupations.

C'est sur cette phrase que nous continuâmes la route pour préparer le repas.
Au bout d'une heure, le repas était prêt et nous étions tous installés autour des différentes tables autour du bar.

Le lendemain, les différentes alarmes se déclenchèrent ainsi que les différents explosifs : le combat était lancé.

En sortant de nos tentes, nous pûmes voir déjà différents cadavres qui longeaient la plage. La police locale prévenue, nous commençâmes à nous battre tantôt à mains nues ou avec nos armes.

Au bout de quinze minutes, nos assaillant diminuèrent, les combats étaient plus à l'ancienne. Différents styles de combats avaient lieu que ce soit l'art Hawaïen où de Karaté.

A ce moment, j'aperçus Genson et me lançai sur lui assénant un Löw kick percutant et commençai à l'immobiliser. Il me coupa avec un point américain recourbé et c'est alors que je lui laissai croire qu'il avait le dessus que je lui fis une prise de Pancrace, l'immobilisai et lui enfilai les menottes tout en lui faisant manger du sable.

Tous les assaillants étaient en prison dont Genson dans une prison sur- protégée. Maintenant, il n'avait aucune chance de pouvoir s'évader ! Une fois la plage nettoyée, nous préparâmes une soirée 80 sur la plage.

Je pris la voiture pour aller faire les magasins pour ma tenue du soir. Je rentrai dans un magasin de robes et je trouvai une robe dans les tons bleu cobalt qui était magnifique. Je continuai vers un magasin de chaussures à talon et n'eus aucun mal à trouver chaussure à mon pied : je craquai sur une paire d'escarpins bleu foncé qui s'accordait sublimement à ma robe.

Je me dirigeai ensuite vers un étal de vestes et choisis une veste « habillée » noire avec des reflets bleus. Il ne me restait plus qu'à trouver une parure de bijoux pour aller avec cette tenue de rêve. Je choisis d'aller à Honolulu pour trouver cette parure qui se trouvait à dix minutes à pied d'où j'étais.

Je faisais le tour des présentoirs dans la bijouterie pour voir si je trouvais quelque chose qui me plaisait quand soudain quatre individus armés de fusil d'assaut s'introduisirent dans la boutique : j'eus le temps de saisir mon téléphone et d'envoyer un message de détresse à tous mes contacts fédéraux du coin.

Ensuite, j'analysai la situation pour voir par où j'allais commencer en essayant de ne pas faire de victimes collatérales.

A ce moment, je pris un Shuriken et le lançai dans la carotide du premier qui se présenta à ma vue.

A ce moment, les forces spéciales arrivaient sur les lieux si je me fiais aux différents gyrophares que nous entendions. Je profitai de ce moment pour lancer un mawashi pleine tête à mon adversaire qui s'écroula.

La bijoutière profita de ce temps pour ouvrir les rideaux qui avaient été refermés par mes assaillants.

Tout le monde sortit, les mains en l'air, tandis que je me présentai à l'officier responsable pour lui expliquer la situation. A ce moment, Tom et Lyméa arrivèrent et me demandèrent ce qu'il s'était passé. Avant que je ne parte, la bijoutière arriva et me fit cadeau d'une parure en saphir pour me remercier.

Et ainsi, nous allâmes boire un verre dans un des bars les plus en vogue de la région où étaient déjà réunis les membres que j'avais appelés en urgence.

- Tu aurais dû voir la tête de l'officier quand il nous a tous vus arriver armés : il a pété un boulon, il nous a tous envoyés dans ce bar.

- Je me doute ! Il m'a regardé d'un regard noir tout le long de mon résumé des circonstances.

Après avoir bu un verre, nous retournâmes tous au bar de Lyméa pour finir les préparatifs de la soirée.

Après la plage, Tom et moi nous décidions d'aller dans la forêt où se trouve un plan d'eau avec des cascades vraiment incroyables. Arrivé sur les lieux, Tom plonge sans l'eau d'une hauteur approximative de trois mètres et il me fait signe pour que je le suive.

C'est ainsi que dans cette eau transparente, je vis que Tom se tenait sa jambe de douleurs. Je nageai à sa hauteur tout en le ramenant sur la rive à vingt-cinq mètres de là, tout en le tractant, je lui montrai qu'il pouvait compter sur moi, que bientôt je pourrais comprendre les raisons de cette douleur.

Arrivé sur la rive, je pus voir deux traces de morsures et au vu de ma formation au milieu de la faune d'Hawaï, je reconnus les traces du poisson scorpion qui est l'un des prédateurs tropicaux les plus redoutés.

Je savais que la douleur était le premier symptôme, il fallait donc que je trouve le plus vite possible les plantes qui bloquent le poison et sortis mon émetteur pour demander un rapatriement sanitaire le plus vite possible afin de lui administrer un anti-venin à l'hôpital le plus proche.

A l'hôpital, j'expliquai la situation au médecin chef d'Honolulu qui était un ami de longue date et lui montrai le cataplasme de plantes que je lui avais appliqué.

Le temps qu'il soit pris en charge, j'appelai Lyméa qu'il allait s'en sortir et qu'il ne fallait pas qu'elle s'inquiète, que Roy avait l'habitude de ces cas souvent réservés aux touristes. Cependant, je ne comprenais toujours pas pourquoi cette espèce avait quitté la mer pour se retrouver dans cette clairière.

Je profitai de ce temps d'attente pour prendre un café quand un ancien collègue devenu médecin vient vers moi pour me saluer. A ce moment, je vis une personne sortir un revolver et le viser. J'eus juste le temps de sortir un tanto et de lui balancer dans le bras.

- J'ai besoin de la sécurité et un brancard, Louis ! Tu sais pourquoi ce type a essayé de t'abattre car je te le confirme : c'est bien toi qui étais visé.
- Depuis trois mois, je reçois des messages de mort mais je n'y faisais pas attention.
- Tu sais bien que vu le travail sous couverture, je ne me suis pas fait que des amis mais je ne voulais pas y croire !
- J'appelle les autorités compétentes et tu es maintenant sous ma protection tant qu'on ne sait pas qui t'en veux.
- D'accord mais je ne quitte pas ma garde à l'hôpital et je vais prendre mon arme dans mon bureau. Je n'étais pas tranquille donc j'ai plusieurs armes aux bureaux, déformation professionnelle.

Au moment de rentrer dans son bureau, je pus voir différentes caméras installées ainsi que différents coffres-forts.
Louis en profita pour enlever sa chemise, enfila un gilet pare-

balles et mit une nouvelle chemise plus grande pour ne pas être trop serré comme quand il servait au côté du général Walther. Il ouvrit différents coffres, sortit les munitions et prépara les chargeurs.

- Je prends deux armes pour être plus tranquille, comme à l'ancienne ! N'empêche, je ne t'ai pas demandé : qu'est-ce que tu fais à l'hôpital ?
- J'ai un ami qui vient d'être hospitalisé à la suite d'une morsure de poisson scorpion… D'ailleurs ça va faire une heure que je n'ai aucune nouvelle, tu ne pourrais pas te renseigner ?
- On va faire mieux que ça, tu vas venir avec moi aux urgences vues qu'on vient de me beeper. Tu as une arme avec toi ?
- Oui, t'inquiète, j'ai trois armes avec moi !

C'est ainsi que je me dirigeai avec mon nouveau protégé vers les urgences et je reconnus différentes espionnes qui étaient présente la veille dont deux s'occupaient de Josh.

- Comment il va, Shirley ?
- Il est stable. Gordon veut le garder en observation pour la nuit : sa tension était un peu élevée à son arrivée mais maintenant c'est rentré dans l'ordre.
- Tenez-moi au courant, je serai avec son amie durant la journée.
- Tu permets que je parle à Shirley une minute en privé ?
- Oui pas de problème, je suis dans le box à côté.

- Salut, excuse-moi de te déranger ; je suis avec Louis car il a un problème de sécurité. Est-ce que tu peux jeter un œil autour de toi et me dire s'il y a des personnes que tu n'as pas l'habitude voir à part les patients ?
- Tu vois le chauve ? Sur sa blouse, c'est marqué « anesthésiste » ; le problème c'est que ce n'est pas dans leur genre de traîner dans

les urgences. Le latino ultra sexy fait partie du cartel de Luigio et aux dernières nouvelles, on n'a hospitalisé personne de leurs équipes.
- Si je comprends bien ils sont partout, je vais appeler du renfort.
- Ne t'inquiète pas, quand ils arrivent, je lancerai un appel à l'interphone en disant que les médecins demandés sont arrivés.
- C'est une bonne idée que tu as là !

Je profitai d'avoir l'œil sur les deux malfrats pour prévenir mon équipe, la plupart était disponible, seuls deux ne m'avaient pas répondu mais je leur avais laissé un message.

J'ai réussi à faire venir une infirmière en plus, trois médecins seniors en traumato et deux professeurs en cardiologie.
- Comment tu as réussi ? Je ne savais pas qu'il y en avait de disponible à Honolulu, on en recherche depuis deux ans car le chef de service va bientôt prendre sa retraite.
- Ils ne viennent pas d'Hawaï, ils viennent de monter dans un hélico de la NAVY au départ de San Francisco. Ils étaient soit dans la NAVY ou le FBI mais ont décidé d'être sous couverture et donc ils se sont formés à plusieurs possibilités de métiers

- Mon équipe est en route.
- C'est un rêve qui devient réalité, on était vraiment en manque de moyens... mais je ne sais pas comment va le prendre le directeur de l'hôpital.
- Ne t'inquiète pas des personnes haut placées viennent de le prévenir qu'une équipe était en route pour des problèmes de sécurité importante au sein de l'établissement, il a juste fallu lui expliquer qu'en plus, il gagnait beaucoup de personnel qualifié en médecine d'urgence gratuitement.

Une fois l'équipe formée, j'allai rejoindre Louis dans le box en tenue d'infirmière, avantage étant d'avoir validé ma formation dix ans auparavant.

Une heure plus tard, l'interphone émit le message pour m'indiquer que mon équipe était sur les lieux. Je pris Louis avec moi et nous allâmes en salle de briefing.

- Salut tout le monde, je vous ai fait venir pour la protection de Louis, un ancien de chez nous qui a choisi de retourner à la vie civile. Mais son passé lui joue des tours : différents membres de l'organisation Luigio ! Je sais ça faisait un moment que l'on n'avait pas entendu parler d'eux mais ce matin un de leurs hommes a essayé de tuer Louis. Heureusement, j'étais là pour lui barrer la route mais il n'est pas le seul au sein de l'établissement.
- Salut tout le monde. Désolé du retard mais on était en vacances à Makaha à surfer et on vient de voir votre message
- Aucun problème Pierre ! Comment tu vas, Diane ?
- Très bien Chris, toujours de la partie pour une protection tu le sais bien.
- Je vous présente Louis, notre client.

Après avoir fini le brief et formé les équipes, je profitai de ce répit pour discuter un peu avec Diane.
- Depuis quand es-tu avec Pierre ? depuis le temps qu'on attendait ce moment lol.
- Cela va faire six mois : on était tous les deux sous couverture à Dubaï et cette mission nous a rapprochés.
- Rien de tel que le boulot pour vous rapprocher tous les deux, je ne vais pas te mentir : on l'a vu venir !
- Comment ça ?
- Il y a des ondes quand vous êtes ensemble dans la même pièce.

- Je n'avais jamais remarqué.
- Aujourd'hui, on va avoir le temps de parler, tu es avec moi à la demande de Pierre
- Il m'énerve à me surprotéger ! Depuis que je lui ai dit que je voulais l'épouser, il n'arrête pas de me materner !
- Sérieux, félicitations… alors là pour une surprise !
- Mince, je ne t'ai rien dit car son père 'n'est pas encore au courant et comme il est là dans l'équipe affectée au Trauma 1.
- Oui, ne t'inquiète pas je ne dirai rien. Mais encore bravo !

C'est ainsi que la journée se passa sans encombre mais les membres du cartel ne se cachaient pas au sein de l'hôpital car plus la journée avançait plus ils étaient présents : c'est pour ça que je décidai de faire sortir Louis par la sortie du parking.

C'est ainsi que nous prîmes la route pour le ramener chez lui. Arrivés à deux blocs de chez lui, nous pûmes entendre des coups de feu et malgré moi, je compris ce qu'il se passait : la maison de Louis était prise d'assaut ! Je composai le numéro d'urgence pour avoir des renforts supplémentaires.

- Tu peux me dire qui les tient à distance de la maison car il n'arrive pas à en franchir les points stratégiques.
- Simplement ma femme et mes garçons, ils ne sont pas bien renseignés en voulant prendre d'assaut la maison : ma femme était dans le 3ème régiment des fusiliers marins et mes fils sont des SEAL.
- Sérieux ? Cameron et DJ sont dans l'armée ? je croyais que Lila était contre.
- Elle a fini par admettre que c'est ce qu'ils voulaient faire. Mais ce soir quand je vois comment ils se battent, j'avoue que je suis fier d'eux !
- Je suis pressé de voir le cartel quand ils vont goûter à mon

AR15 ! Chris, tourne à gauche et suis les barbelés, prends la petite pente.

A ce moment-là, Louis prit une télécommande : un garage s'ouvrit ; il le referma directement dès que la voiture fut passée. On pouvait y voir un vrai arsenal.

- Prenez autant d'armes et grenades que vous voulez, je me prépare depuis plus de dix ans à cette possibilité.
- Je vois ça : c'est vraiment impressionnant ! C'est bien ce que je pense : c'est un Arizaka ?
- Oui tout à fait ! Tu veux l'essayer ?
- Avec plaisir.

Après avoir choisi différentes armes plus adaptées, nous rejoignons la femme et les fils de Louis.
- Coucou Papa, c'est quoi ces mauviettes ? Ils n'arrivent pas à franchir le perron.
- Je pense qu'ils n'étaient pas prêts à cet accueil, fiston.
- Je t'avais dit que personne ne rentrerait ! Salut Chris, comment tu vas depuis le temps ? Ça doit faire au moins cinq ans que je ne t'ai pas vue. Je suis sûr que tu continues à cent à l'heure sans te reposer.
- Tu as tout compris même quand je prends des vacances à Hawaï, j'ai du boulot.
- Oui mais tu es incapable de te reposer de toute façon ! Regarde, les renforts sont arrivés : le cartel commence déjà à se replier.
- Bon ! L'avantage c'est je n'aurai pas eu besoin d'utiliser l'Arizaka.
- Papa t'a laissé l'utiliser ? Nous, il nous l'interdit.
- Oui, fiston ! Et tu sais pourquoi vu ce que tu as fait avec mon AR15 la dernière fois...

- S'ils sont partis, c'est le moment de manger. Vous restez tous, ça fait longtemps qu'on n'a pas eu du monde à la maison.

C'est ainsi qu'une vingtaine de chaises furent rajoutées et les fils de Louis se mirent aux fourneaux pour cuisiner un poulet « basquaise ».
Pendant ce temps, j'allai dans le jardin pour installer mes caméras quand Rachel, la femme de Louis, m'interrompit.
-Chris, pas la peine de t'embêter ! Je t'emmène dans la salle de contrôle
- Comment ça ?
- Toute la maison est sous vidéo surveillance et différentes alarmes sont installées autour du jardin et de la maison et des pièges aussi... Louis ne le sait pas pour les pièges.

Arrivées dans la salle de contrôle, je pus constater qu'un lit avait été rajouté et une cinquantaine d'écrans s'affichaient.
- Je m'attendais qu'un jour ou l'autre quelque chose de ce genre arrive donc je me suis préparée ; je vais te montrer aussi différents passages secrets et raccourcis de la maison.
En effet, derrière cette bibliothèque, tu peux te promener dans différents couloirs secrets pour arriver vers les chambres ou dans la cuisine.
- C'est franchement hyper cool mais tu sais qui est la femme sur la pelouse nord armée jusqu'aux dents ?
- Non, je ne l'ai jamais vue ! Je lui prépare une surprise.

A ce moment, un chien sort de la pelouse sud mais au lieu de grogner, le chien se met à jouer avec la fille mystère. Je n'y crois pas : Calamité la connaît. Je vais voir avec les gars s'ils voient de qui il s'agit.

- Les gars, une personne arrive sur la pelouse nord armée mais apparemment Calamité la connaît : vous savez qui c'est ?

- Dj tu es foutu ! Je t'avais dit qu'il fallait parler de ta copine aux parents mais vu comment Nikita a l'air en colère, ce n'est pas ton seul problème !
- Depuis quand tu as une copine ?
- Cela va faire six mois, elle est dans l'armée aussi.

La porte s'ouvrit et une blonde cendrée fit son entrée.
- DJ, je te le dis ; ça ne va pas le faire, tu ne m'as pas prévenue que votre maison était attaquée. Heureusement que mon cousin était dans l'équipe de Chris.
- Mais tu étais au Texas, je ne voulais pas te déranger.
- Tu voulais surtout que je ne m'inquiète pas.
Mais bon... Trent m'a appelée cette après-midi quand ton père a été mis sous protection et je suis rentrée avec mon jet.
- Comment ça, ton jet ?
- Oui ! Le dernier cadeau que je me suis fait.

A ce moment, un gars attrapa Nikita par les cheveux mais avant que nous sortions nos armes, elle l'avait envoyé dans les airs.
- Tu veux jouer, je suis là.

C'est ainsi qu'elle lui lança des enchaînements de boxe chinoise, l'assaillant n'arrivait pas à trouver une ouverture et finit par partir.

- Une mauviette de plus, s'ils sont tous comme ça, on va bien s'amuser !
- Tu ne vas pas continuer à te battre Niki, je ne veux pas trembler pour toi
- Tu crois sans doute que je vais les laisser vous canarder sans rien faire ! Tu te mets le doigt dans l'œil !

Une chaise supplémentaire fut mise pour la copine de Dj mais une alarme extérieure se mit soudain à retentir.

- Les gars, vous n'avez pas autre chose à me dire ? Il y a une jolie rousse qui se bat avec cinq motards.
- Non ! Belinda !
Cameron sortit et lança des coups de pied aux différents motards suivis de Nikita et moi.

- Vous voulez jouez les mecs : on est là ! Vous ne toucherez pas à ma fiancée. J'allais t'en parler, frangin ! Tu veux être mon témoin ?
- Sérieux mais depuis quand ?
- Le mois dernier.

En moins de quinze minutes, on était tous installés à table après que la police locale avait interpellé les malfrats. Avant que le plat ne soit servi, les gars et Rachel eurent une conversation tendue mais tout finit par des larmes de joie à l'annonce des fiançailles de Cameron et Belinda.

Le repas était exquis, la viande fondait en bouche et le mélange d'épices était nickel.

Une fois le repas terminé, les agents appelés en renfort rentrèrent chez eux. Quant à moi, je restais pour la surveillance des lieux pour la nuit, tout en téléphonant à Shirley pour avoir des nouvelles de Tom qui était sur pied mais gardé en observation jusqu'au lendemain.

- Chris, il a fallu que je lui dise pourquoi tu n'étais pas là, il veut à tout prix faire partie de la défense de Louis mais vu

l'empoisonnement, je crois qu'il est préférable qu'il se repose.
- Je pense aussi. Cela étant, s'il fait de la résistance, appelle Lyméa.
- Il ne va pas aimer ça !
- Ce n'est pas grave, on sait qu'il ne lui désobéira pas.

Une bonne partie de la nuit, je scrutais les caméras quand, à un moment, Cameron et Belinda vinrent pour me voir.
- Comment tu vas, Chris ? Repose-toi un peu on va te relever. Belinda doit installer un logiciel sécuritaire pour savoir où se trouvent les membres du cartel.

- Comment tu comptes faire ?
- À la cyber criminalité, nous avons mis en place un logiciel afin de cibler des personnes et pouvoir les suivre par satellites.
- C'est vraiment intéressant !
A tout à l'heure Cameron et si tu veux, on s'entraînera demain pour voir ce que tu as appris depuis la dernière fois qu'on s'est vus.

- Je reviens d'ici une heure, je vais faire un tour de la propriété.
- D'accord. Fais attention à toi
- Ne t'inquiète pas, il n'y a aucun souci à se faire.

Pendant une vingtaine de minutes, je marchai quand j'entendis Calamité aboyer au niveau du secteur ouest. Je me dirigeai vers lui quand un homme surgit de la haie, un katana à la main. A cet instant, je sus qu'il fallait que je me rappelle les cours d'Hatamoto qui m'avait appris à désarmer sur ce genre de sabres tout en disant à Calamité d'aller chercher tout le monde. Le chien se

contenta de hurler mais l'ensemble de la maisonnée sortit immédiatement.

- Louis, est-ce que tu peux me ramener ton katana dans le salon ? Ce monsieur veut jouer de la lame !
- Je crois qu'il ne sait pas à qui il s'attaque ! Moi non plus mais nous allons bien rigoler !

C'est ainsi que les lames s'entrechoquèrent tout en en ayant une assise tantôt agressive tantôt défensive. Je profitai d'un moment de faiblesse pour le désarmer et lui mis des menottes uniques.

- Cameron, peux-tu rappeler la police pour qu'il vienne le chercher, je commence à fatiguer de cette journée de dingue.

Une fois la police arrivée et l'intrus embarqué, je mis un mantra tibétain pour me relaxer tout en réarmant la centrale d'alarmes et choisis de suivre l'individu avec le logiciel afin de le cibler comme Belinda me l'avait appris. Ainsi, je saurai où il irait après sa libération qui à mon avis aurait lieu d'ici peu de temps.

Deux heures plus tard, je savais où le chef du gang se trouvait, j'envoyai donc un message à tout le monde pour faire une descente dans sa villa l'après-midi. Je réveillai tout le monde tout en répondant à mon téléphone : c'était Halstead qui me disait qu'il prenait l'hélico de Chicago pour pouvoir être là le lendemain avec son équipe. Je savais qu'il avait un compte à régler avec ce mafieux depuis qu'il avait abattu un de ces collègues lors d'un séjour là-bas.

- Nous savons enfin où se trouve le responsable du cartel et nous lançons l'assaut demain. Du renfort du CPD arrive pour nous aider à le coincer.

Comme convenu, je fis un petit combat avec Cameron pour voir

comment il avait progressé depuis les cours que je lui avais donné entre deux missions. Je pus constater que les techniques de la NAVY n'étaient pas mal non plus mais il lui manquait quelques principes de combat. J'en profitai alors pour lui montrer ce que j'avais appris de nouveau et après analyse de mon combat, il réussit à bloquer quelques coups mais finit à chaque fois au sol.

Au bout de deux heures, il avait pas mal assimilé les contre-attaques possibles sur des kicks et sur sa protection. C'est à ce moment que Belinda arriva et me demanda de voir si j'arrivais aussi à la faire tomber : elle se mit en garde et je compris que ça allait être dur d'avoir l'avantage car je ne connaissais pas ce style de combat,
qui était assez technique au niveau des coups assénés.

Au bout de trois assauts, je lui fis un balayage et lui enseignai du coup quelques principes de boxe française.

Après un entraînement ardu, nous allâmes nous doucher et nous préparer pour faire la descente du réseau car les frangins étaient bien décidés à faire partir de l'opération.

Je voyais bien que Nikita cherchait mon regard. Elle me fit signe de la suivre.
- Chris, je suis désolée mais je ne vais pas pouvoir assister à la descente, est-ce que tu pourras veiller sur DJ ? Cependant, je serai là en permanence avec des caméras satellite pour vous guider.
- Pas de problème, je vois que ça ne va pas, tu veux me parler ?
- On ne peut rien te cacher ! Si je suis revenue du Texas, c'est aussi que j'ai appris que je suis enceinte. Ne dis rien, je veux faire la surprise à Dj quand ce sera plus calme.
- Félicitations, je suis vraiment contente pour vous !

- Qu'est-ce que vous complotez vous deux ?
- Rien, Nikita m'expliquait qu'elle allait rester là à distance pour nous guider par des satellites.
- c'est bien ma geek ! Je t'aime, Niki.
- Moi aussi, p'tit cœur.

Treize heures pétantes, l'assaut était donné pour mettre fin au cartel de Luigio. L'équipe de Halstead était arrivée trente minutes auparavant.
Le fait d'avoir Nikita qui nous donnait en temps réel le placement des différents guetteurs était une aide vraiment appréciable.

Les premiers coups de feu furent donnés par l'équipe Bravo et nous continuions à gagner du terrain quand Nikita me signala que les garages Sud s'ouvraient. Je profitai de ce moment pour répartir des clous sur l'ensemble de la trajectoire du coin Ouest qui était la seule sortie du terrain et rappelai l'ensemble des équipes pour qu'elles assistent au spectacle.

Les assaillants foncèrent sur nous et ne regardaient pas la route. L'ensemble des véhicules s'immobilisèrent, les pneus crevés.

Les échanges de tir se terminèrent au bout de vingt minutes quand l'ensemble des membres du cartel déposèrent les armes car dans l'échange de tirs, le chef du cartel avait reçu une balle en pleine tête et son équipe sut qu'il n'y aurait plus de représailles.

Une fois tout le monde embarqué, je proposai à tout le monde de se reposer au bar de Lyméa, après une douche et quelques verres, les différents services appelés repartirent.

Je profitai d'un moment pour aider Lyméa au bar et redescendit à ma chambre d'hôtel pour profiter d'un jacuzzi à 35°.

Arrivé à l'hôtel, je trouvai la porte de chambre forcée. Je sortis mon revolver et commençai l'inspection des lieux. L'ensemble de

mes affaires avait été retourné mais, bien heureusement, les personnes n'avaient pas trouvé l'emplacement de mes armes.

Mais plus personne n'était là. Je profitai donc de ranger la chambre et mis des alarmes ainsi que des caméras pour éviter d'autres intrusions sans que je ne sois prévenu.

Après ça, je m'installai dans le jacuzzi avec un verre de saké.

Au bout d'une heure de relaxation, je descendais dans le restaurant de l'hôtel pour déguster un bon repas. Le serveur me proposa de m'asseoir à une table qui avait vue sur la plage d'Honolulu.

Mais, je ne compris pas pourquoi la table était dressée pour deux.
A ce moment-là, Tom arriva avec un bouquet de fleurs.
- Pour te remercier de tout ce que tu as fait pour moi à la clairière.
- C'est normal, ne t'inquiète pas.
- Chris, je te connais depuis un moment. Qu'est-ce qui ne va pas ?
- Rien ne t'inquiète pas, j'ai renforcé la sécurité dans ma chambre.

Tout à coup, les différentes alarmes se mirent en route.
- Les salauds, ils recommencent !
- Je viens avec toi

Après avoir pris l'ascenseur, les armes à la main, nous aperçûmes trois hommes à l'entrée de la chambre essayant de casser à nouveau la porte.

- C'est elle, on l'attrape et on la livre à Richard !
- Si vous croyez que je ne vais pas faire de résistance, vous vous trompés fortement !

Je rangeai mon pistolet et commençai un combat en corps à corps avec un mec d'origine latino qui croyait sans doute avoir le

dessous mais pas assez vif pour freiner mes différents coups de pied. Il finit par s'évanouir sur le sol.

Quant à Tom, un assaillant, couteau à la main, lui fit face. Il le désarma sans souci et immobilisa son adversaire avec une clé de cou.

- Je vous laisse une chance, partez et ne revenez plus. Dites à la personne qui vous a envoyés de venir en personne mais je ne pense pas qu'il le fera, car il savait très bien que vous ne feriez pas le poids face à moi et mon ami.

Après le départ des malfrats, Tom me dit :
- Tu prends tes affaires et tu viens t'installer à la maison. Je ne sais pas qui est ce Richard mais cette fois c'est toi qui es sous ma protection jusqu'à ton départ pour Strasbourg.

C'est ainsi que nous allâmes sur les hauteurs de Makaha où Tom s'était installé depuis maintenant cinq ans. Je reçus à ce moment un message de Josh pour me dire qu'il avait rencontré quelqu'un mais qu'il était vraiment désolé.

- Ce crétin me quitte par sms ! Je te promets qu'il va en entendre parler quand je vais rentrer à Strasbourg.
- il ne te méritait pas, c'est tout ! Ne te lamente pas.

C'est ainsi que Tom me montra l'ensemble des pièces de sa maison, vraiment magnifique mais je n'étais pas au bout de mes surprises : il ouvrit une porte qui s'ouvrit sur un garage rempli de voiture des plus ravissantes. Et il finit sur l'extérieur qui était époustouflant avec sa piscine olympique de 50 mètres et son Jacuzzi magnifique.

- Comment tu as fait pour réussir à avoir un terrain aussi bien agencé ?
- Mon ex avait différents terrains à Honolulu et elle me l'a vendu quand nous étions encore ensemble à un prix dérisoire. D'ailleurs, elle le regrette toujours autant.
- Tu m'étonnes... Mais un conseil : elle a intérêt à te laisser tranquille où elle aura à faire à moi.
-T'inquiète pas pour ça ! Elle est partie avec son mari à Washington et je ne vais pas te mentir : ça me fait des vacances, elle ne me lâchait pas.
- Je comprends ce que c'est.

À la suite de cette discussion nous nous dirigeâmes vers la cuisine pour faire à manger
- Chris, tu te rappelles notre mission en Toscane ?
- Oui, le soir où on a failli s'embrasser !
- Depuis, je suis le roi pour faire des Osso Bucco à la milanaise et j'ai les ingrédients pour t'en faire.
- Nickel et je suis sûr que tu as une bouteille de Solaaia 2009
- Bien deviné ! lol.

Après trois heures de cuisson, nous étions installés pour dîner sur la terrasse qui avait vue sur la plage sur laquelle on pouvait voir des personnes surfer sur des vagues magnifiques.

- Demain, si ça te dit d'aller surfer, j'ai différentes planches au garage.
- Avec plaisir, ça va faire un moment que n'ai pas pris le temps de surfer : la dernière fois, c'était à Phuket.
- La classe ! Je n'y suis jamais allé ; ça doit être sublime !
- Oui j'ai adoré : les décors sont presque aussi beaux qu'à Hawaï mais j'aime trop cette île, je pourrais m'y installer.
- Je pourrais t'aider à trouver un terrain, même une villa : il y en a quelques-unes sur les hauteurs.

- Je vais voir car pour cela, il faudrait que je vende une de mes propriétés.

Après cette discussion, nous nous installâmes confortablement dans le canapé quand, soudain, des bruits de moteur se firent entendre et une des alarmes de Tom se mit en route. Alors Tom prit son ordinateur et cliqua sur l'icône des caméras.

- Christelle, préviens les renforts ! Ces enfoirés nous ont suivis.
- D'accord, tu vas faire quoi pendant ce temps-là ?
- Leur préparer une surprise !

Il pianota sur le clavier : tous les volets se fermèrent et des rideaux métalliques glissèrent sur les rails. Ensuite, il me conduisit au sous-sol qui s'ouvrit sur un arsenal.
- Prends le gilet pare-balle, je charge les fusils et les pistolets.
- Tu as une véritable armurerie ! C'est bien un Mosin Nagant ?
- Oui, avec un chargeur retravaillé à trente-cinq cartouches.
- Moi, je vais prendre mon Taurus 1911 en 45 ACP. Tu veux quoi ?
- Je vais prendre le Kimber en 45 ACP : j'adore ce calibre !
- D'accord.

Tom appuya sur un écran de contrôle et regarda les positions de nos assaillants. Ils avaient encerclé la maison mais n'arrivaient pas à trouver un point d'entrée. A ce moment, nous vîmes nos équipes arriver et encercler tous les intrus qui lâchèrent les armes et furent menottés. Le dernier neutralisé, Tom actionna tous les ouvrants pour accueillir l'équipe venue à notre secours.

- Salut tout le monde, merci d'être venu aussi vite. Qui sont ces gars ?

- Un mec cherche à mettre la main sur Chris depuis qu'elle est revenue à l'hôtel donc je lui ai dit de venir chez moi mais je n'avais pas remarqué qu'ils nous avaient suivis.
- Tu sais qui lui en veut ?
- Un certain Richard, mais je ne vois pas qui c'est !
- Je pense savoir qui c'est mais je ne comprends pas ce qu'il a à faire avec Chris. C'est un membre du cartel du Mexique.
- Chris a démantelé le réseau de son cousin l'année dernière.
- C'était elle ? Elle a fait fort et ça n'a pas plu à tout le monde : les actions des différents cartels ont baissé depuis cela.
- Pas de chance pour lui, les services secrets sont sur son dos et il est pour l'instant à Makaha. Je vais faire en sorte qu'il soit à Honolulu demain dans nos bureaux, je voudrais que vous veniez pour savoir ce qu'il veut.
- Oui, pas de problème ! Venez prendre un verre, vous avez fait un peu de route.
- Avec plaisir.

Au bout d'une heure, toute l'équipe était partie et Tom me montra ma chambre. Je le trouvais vraiment attentionné, je n'avais jamais remarqué à quel point il était beau mais je savais que c'était trop tard pour nous deux car un beau gosse pareil était forcément en couple. Donc, une fois la chambre faite, je pris une douche et m'endormis car j'étais vraiment fatiguée.

Pour Tom, la situation était compliquée car depuis l'Italie, il était sous le charme de Chris et n'avait jamais osé lui dire car elle était en couple à ce moment-là mais maintenant que Josh l'avait quittée, les chances d'une histoire seraient sûrement possibles.

Même s'il se sentait capable de retourner vivre en France, il préférait rester sur son île qui était à ses yeux le coin le plus calme du monde.

Après avoir lu son livre, il s'endormit, pressé de voir la confrontation, savoir pourquoi ce Richard voulait à tout prix parler à Chris. Mais dans tous les cas, il serait toujours là pour elle.

Le lendemain, Tom prépara un petit déjeuner à base d'ananas coupé et des pancakes avec du sirop d'érable importé par un ami canadien ainsi que des jus de fruits frais et attendit le réveil de Chris.

Vu le temps extérieur qui était un peu frais, celui-ci coupa du bois pour allumer un feu de cheminée. Une fois les quatre morceaux coupés, il l'alluma.

Une heure plus tard, je me réveillai et m'assis pour manger le petit déjeuner qui avait vraiment l'air succulent. C'était un délice : les pancakes étaient bien cuits et le sirop d'érable le meilleur que je n'avais goûté jusqu'à présent.

Après ce repas, Tom et moi sortîmes les planches pour aller surfer sur le meilleur spot de Makaha, à côté des villas, prisé des sponsors de la discipline.

C'est ainsi que nous nous élancions sur les vagues qui ce jour étaient vraiment hautes, ce qui me rappelait à peu près les vagues de Phuket. Après différents sides, nous décidâmes de nous préparer pour aller au bureau fédéral pour voir ce que ce Richard voulait à Chris. Puis nous prîmes une douche et sortîmes nos armes. Pour ma part, je choisis un Smith 10 calibre 38 spéciale en 4 pouces qui était vraiment l'arme la plus légère que j'avais et glissai à mon doigt mon couteau japonais qui était petit mais réellement efficace.

- Chris, tu veux qu'on prenne quelle voiture ?
- Il fait chaud la BMW Z3 serait nickel ! Je peux la conduire ?
- Oui, pas de souci.

C'est ainsi que nous partîmes vers Honolulu centre qui était à environ trente minutes. Je décidai de prendre le chemin touristique qui offrait une vue magnifique sur la mer turquoise.

La route se passa sans embûche et nous sortîmes de la voiture vers les quartiers des services secrets.

Nous fûmes accueillis par Flint et Sharron Doherty, coéquipiers et en couple depuis maintenant vingt ans : c'étaient des agents occupés par leurs boulots très intensifs.

- Salut Chris. Richard arrive d'ici quinze minutes Mia et Jérémy l'ont arrêté ce matin, ils ont été obligés de lui tirer dans le bras pour l'immobiliser. Ce malin a cru qu'un fusil à pompe allait nous arrêter.

A ce moment, Mia et ce fameux Richard arrivèrent ; il fut directement emmené en garde à vue et l'audition commença. Sharron me fit signe de la suivre dans la pièce d'à-côté et à travers la vitre sans tain.

- Tu le connais ?
- J'ai l'impression mais pour moi il était plus vieux, il ressemble à un homme que j'ai dû neutraliser dans ma mission contre le cartel au Texas.
- De toute façon, on ne va pas tarder à le savoir, Mia a préparé un interrogatoire musclé.

C'est à ce moment que l'interrogatoire commença et vu ce qu'il y avait autour d'elle, je compris comment elle allait procéder : quatre méthodes des plus radicales semblaient se profiler.

- Pourquoi avoir voulu enlever l'agent S du département de la D.O.S ? je ne vais pas te mentir… Tu vas tout me dire ou alors...
- Je ne pense pas, crevette ! Tu ne me fais pas peur !
- Ton calvaire ne fait que de commencer et je n'arrêterai pas tant que tu ne m'auras pas donné les informations qui m'intéresse.

A ce moment, Mia prit l'annuaire le plus petit qu'elle avait sous la main et cogna l'individu avec.
- Alors ? Tu me donnes l'information ou on continue ? J'ai toute ma journée et les techniques vont empirer ça je te l'assure, en attaquant un de nos agents, tu ne savais pas à quoi tu t'exposais.

Mia enchaîna avec l'annuaire des îles tout autour d'Honolulu et au moment d'arriver à celui d'Honolulu, il pâlit... Mais toujours rien ! Alors elle passa à sa deuxième méthode qui était une de mes méthodes favorites : l'épreuve de la sieste, Ne rien dire et faire semblant de dormir pendant un certain moment pour faire péter un boulon au prisonnier.

Cette méthode ne fonctionna pas ; elle choisit du coup la torture pour avoir les réponses à ses questions.

- Jusqu'à maintenant, j'étais sympa mais vu que tu ne réponds pas, on va sauter une étape ! Tu vois ce pic à côté de la table ? Je vais t'enfoncer chaque pic dans la rainure de tes ongles et te les arracher un par un, je déteste cette méthode mais tu ne me laisses pas le choix.
- Vous n'allez pas oser ? Je vous tuerai vous aussi !

A ce moment, Mia le gifla d'une force que je ne pensais pas possible de la part d'un petit bout de femme comme elle.
- Petit conseil : ne me menace pas !

Elle commença avec le pouce qui était le plus douloureux.
- D'accord je vous dis tout. Vous êtes vraiment horrible d'utiliser cette méthode. Voilà ! Elle a fait emprisonner mon cousin au Texas lors du démantèlement du réseau, je voulais juste le venger.
- Bien je vois que tu décides d'être raisonnable. Moi, ce que je vous dis c'est que vous allez penser à vos actes pendant vingt longues années dans les prisons de Quantico.
- Pas Quantico, personne n'en est ressorti vivant et vous le savez !

Après ses aveux, nous sortîmes dans le hall et décidâmes d'aller à la pizzeria du coin qui était vraiment réputé pour confectionner les meilleures pizzas italiennes de la région.

Mia me regarda et me dit.
-Tu ne m'as pas reconnue ? La méthode d'annuaire téléphonique, ça ne te rappelle rien ?
- Si, c'est à l'époque où j'étais au commissariat de Marseille en tant que Capitaine remplaçant mais ça remonte à plus de vingt ans.
- Exactement ! A l'époque, j'avais 14 ans et c'est toi qui m'as donné envie d'être dans un métier d'action.
- Mia, attends, tu es la fille de Nicolas et de Kaitlin Cooper ?
- Tout à fait ! D'ailleurs, c'est papa qui pratiquait cette méthode que tu n'approuvais pas toujours.
- Oui, le nombre de fois où je m'en suis tiré les cheveux.
- D'ailleurs, qu'est-ce que deviennent tes parents ?

- Papa est maintenant Lieutenant à la Bac à Bordeaux et Maman est Adjudant-chef à la caserne des pompiers de Lanton, ils sont à

fond dans le boulot et moi j'ai décidé de suivre Jérémy, il y a 3 ans, à Honolulu quand nous nous sommes rencontrés sur une mission en Irlande et nous allons nous marier dans une semaine si tu veux venir... On fera la surprise aux parents !
- Avec plaisir, j'ai décidé de repousser mon départ à dans un mois.
- Si ça te dit, on peut aller faire les boutiques ensemble demain, je suis de repos et tu pourras me raconter ce qu'il se passe entre toi et Mr Canon qui ne fait que te regarder.
- Mia, il n'y a rien entre Tom et moi !
- Mais bien sûr… Il suffit de voir comment vous vous regardez ! T'inquiète, on en discute demain !

La serveuse choisit ce moment pour arriver et prit notre commande. C'est alors que trois mecs firent irruption dans le restaurant avec des cagoules et demandèrent la caisse. Mia était déjà levée, avait pris son arme de service et posée sur la tête d'un des malfrats.
- Posez vos armes ! FBI !!!, vous êtes en état d'arrestation.
- Nous sommes trois, tu es toute seule, tu crois que tu fais le poids ?
- Excuse-moi, je crois que tu fais erreur dans tes calculs : nous sommes six.

Tout le monde m'avait suivi et avait dégainé ses armes.
- Donc, mon petit, tu te mets au sol et tout de suite ou je te fais sauter le caisson car braquer une arme sur un agent de police, tu vas voir ce que ça coûte et je te jure que c'est moi qui vais m'occuper de ton interrogatoire.

Nous appelâmes l'OPJ de service et lui dîmes d'envoyer une patrouille pour les mettre en cage. Le temps de finir notre déjeuner et après nous irions nous occuper de leurs interrogatoires.

Au moment de l'addition, le patron du restaurant insista pour prendre à sa charge les desserts et nous comprîmes que nous avions qu'à nous présenter pour avoir une place de choix dans son établissement.

Après le restaurant, nous nous dirigeâmes vers le quartier général pour auditionner les malfrats qui nous avaient braqué le midi même.

-Mia, j'ai une idée d'audition pour ces trois-là ! Est-ce que vous avez un tatami dans l'enceinte de l'établissement.
- Oui et ton idée me plaît beaucoup !
Nous décidâmes d'emmener les trois malfrats dans la salle de sport des services secrets et les détachâmes.
-Maintenant si vous nous battez, vous sortez sinon c'est cinq ans pour braquage à main armé.
- Nous somme trois et vous que deux
- Ne t'inquiète pas ça sera suffisant

A ce moment, les trois individus nous chargèrent : nous les attendions ! Simultanément, Mia et moi lançâmes une Ushiro geri, ce qui me fit rire car je ne m'attendais pas à ce qu'elle ait fait du karaté. Mais, tout en combattant, je pris le temps de regarder et pus voir qu'elle utilisait aussi de la boxe anglaise, de la boxe taï et du sambo. Je compris que son adversaire ne serait pas de taille. D'ailleurs, à ce moment-là, elle lança un MawashiTobi-geri pleine tête à son assaillant qui s'écroula au sol sans demander son reste. Tant qu'à moi, je venais d'immobiliser le deuxième et lui enfilai la paire de menottes.

Au même moment, le dernier adversaire prit un jio d'entraînement et essaya d'assommer Mia qui fit trois sauts

périlleux et reprit le combat.
- Jusqu'à maintenant, j'étais plutôt sympa avec toi mais vu que tu te la joues comme ça... Elle fit alors un combo de trois techniques et le troisième individu s'écroula au sol le nez cassé.

- Faut savoir ne jamais embêter super girl ! Elle nous a tous étalés jusqu'à maintenant ; le seul qui a réussi à l'immobiliser, c'est son père.
- Faut savoir que niveau karaté, c'est moi qui ai formé son père, les gars !
- Sérieux, Chris ?

- Oui. Cela remonte à nos années de service quand après une patrouille, ton père a fini avec le nez cassé. A son retour, je l'ai formé pendant deux ans jusqu'à ce que la capitaine que je remplaçais soit revenue de congé parental.
- Ah oui, tu parles de Sarah ! Maintenant, elle est commissaire à la Crime à Rennes.
- Ah d'accord ! Ça va faire un moment que je ne l'ai pas vue.
- Chris ? Demain on va chercher ma robe ?
- Avec plaisir.

Il était déjà seize heures quand Tom et moi rentrèrent à la villa.

- Chris ? Ça te dit un Spa dans le Pool House ?
- Carrément, ça va me faire du bien, je suis fracassée après cette journée de dingue. Quand pourrais-je enfin me reposer sans un braquage ou un mec à immobiliser ?
-Tu sais bien que tu t'ennuierais vite !

Une fois mon maillot mis, j'allai rejoindre Tom dans le pool house quand je vis à la caméra une jeune femme d'une vingtaine d'années armée faire irruption dans le jardin.

Je saisis mon revolver qui était sur le bar américain et la prit à revers mais quand j'ouvris la porte extérieure, un mec m'envoya un crochet
- Où est Tom ?
- Je ne te dirai rien. Et j'en profitai pour lui envoyer un uppercut.

Mais à ce moment, la jeune femme arriva et pointa son arme sur le gorille de plus de deux mètres.
- Allonge-toi au sol tout de suite ou je te promets que je te tire dessus.
- Tu es qui toi ?
- Agent Baldina US-Marshall. La prochaine fois, au lieu d'escalader le mur, tu passeras par le portail de mon cousin.

Le gars s'exécuta et se fit directement menotter.
- Bonjour, tu dois être la nouvelle copine de mon cousin ? Est- ce que tu peux appeler la police s'il te plaît ?
- Pas de problème
- Oui, central ! Ici, l'agent matricule 256689 DOS, besoin d'une patrouille chez Tom Kalakawa. Assaillant dangereux sur place. Il est menotté par une amie. Vu les signes qu'elle me faisait, je compris que je ne devais rien dire sur sa profession.

Durant l'arrestation du suspect par la police locale, la cousine de Tom était montée dans la chambre.

- Chris, tu attends quoi pour venir ?
- Pourquoi tu saignes de la bouche ?
- Tu ne vas pas me dire que depuis une heure, tu n'as rien entendu !

- Non, je crois que je me suis endormi
- Ta copine vient de se faire agresser par un mec qui essayait de rentrer par effraction chez toi, cousin. T'inquiète, je venais juste d'arriver et vu comment elle lui a répondu, j'ai juste gagné du temps.
- Qu'est-ce que tu fais la Kendra, je suis super content de te voir ça doit faire 4 ans !
- Tout va bien mais j'avais envie de voir grand-mère et toi, je ne savais pas que tu vivais avec quelqu'un,
- Chris est une amie : tu te rappelles ? Elle servait au bar de grand-mère
- Ah oui, ça doit faire au moins dix ans que je ne t'ai pas vue !
- Autrement Kendra, où est Peter ? Et ton boulot au Texas ?
- Je l'ai quitté il y a un mois et pour le boulot j'ai pris des jours de vacances.
- Ah d'accord, je ne l'ai jamais aimé de toute manière.

C'est ainsi que nous allâmes tous les trois dans le spa tout en discutant.
Après ce petit moment de détente, Kendra et moi préparâmes le dîner pendant que Tom prenait sa douche.

- Avoue ! Vous êtes ensemble ?
- Non, je te le jure.
- Enfin, ami, pour l'instant... car vu les regards que vous vous lancez, ça ne va pas tarder.
- Mais n'importe quoi ! Tu es la deuxième personne à nous dire ça aujourd'hui.

A ce moment Tom arriva, m'entoura de ses bras et m'embrassa sur la joue.
- Tu sais Chris, je suis content que tu restes plus longtemps.
- Moi aussi. Comme Kendra est là, ça te dit que nous allions voir ta grand-mère demain ?

- Avec plaisir et je vais pouvoir faire des super Mojito ! cria Kendra.
- Tu n'as encore rien dit à grand-mère ? Je veux lui faire la surprise !
- T'inquiète, je n'ai rien dit.

Je profitai d'aller prendre ma douche pour laisser Tom et Kendra parler mais je pris le temps d'appeler un ami au Texas pour savoir la vérité car je me doutais bien que Kendra nous cachait quelque chose.
- Salut Chris ! Tu as besoin de quelque chose ?
- Salut Phil. En effet, j'ai une amie qui travaille avec toi qui vient d'arriver mais j'ai l'impression qu'elle a un problème.

- C'est vrai, Peter la menace en permanence depuis qu'elle l'a quitté ? Nous essayons de l'arrêter mais nous ne l'avons pas encore trouvé… Si tu peux la surveiller le temps qu'elle est avec toi...

- L'enregistrement des caméras de la ville donne quoi ?
- Le souci c'est qu'il a pris un avion sous un faux nom hier mais impossible de savoir où il est allé ; mais vu que tu me dis qu'elle est avec vous, c'est possible qu'il vienne à Honolulu.
- Pas de soucis : qu'il vienne ! Il verra ce que c'est de s'en prendre à la famille
- Chris, je te préviens, il est dangereux ! Il a longtemps été le meilleur US-Marshall mais depuis trois ans Kendra le dépasse et c'est depuis que les choses ont commencé à aller mal entre eux.
-T'inquiète pas, je vais jeter un œil sur elle ! Merci de l'information.

La discussion finie, je pris ma douche et décidai de mettre une brassière et un short car il faisait hyper chaud et d'aller les rejoindre pour finir la cuisine.

En arrivant dans le salon, des rires éclatèrent dans la cuisine. Je comprit tout de suite pourquoi : Kendra avait mis des glaçons dans le t-shirt de son cousin qui l'avait attrapée et prit le jet de l'évier pour l'arroser. Quand Tom vit que j'étais là, il prit le pommeau de la douchette et le braqua sur moi.

- N'essaie même pas, sinon je serai dans l'obligation de te jeter dans le spa.
- Tu n'oseras pas !
- Essaie et tu verras !
- Je ne tenterais pas le coup ; en revanche on vient de t'avoir !

A ce moment, Kendra mis trois glaçons dans ma brassière.
- Les traîtres, vous jouez à deux maintenant ?
- Tom, je me vengerais, ne t'inquiète pas !
- Je le sais et je n'attends que ça.

Ces mots eurent un effet sur moi. Je réalisai qu'il y avait une autre promesse sous-entendue et je savais maintenant que je n'étais pas seule à avoir des sentiments.

Après quinze minutes, nous étions en train de nous installer quand je vis une ombre passer en travers de la caméra 2 de la maison.
- Kendra, peux-tu monter dans la chambre une seconde ?

A mon regard, elle comprit que j'étais au courant. La sonnette de la porte ne tarda pas à sonner ; je décidai d'aller ouvrir après avoir pris mon revolver que je rangeai dans le holster à ma ceinture. A voir ma façon de procéder, Tom prit son pistolet et fit de même. J'ouvris la porte.

- Bonjour, je peux vous aider ?
- Oui, Tom est là ?
- Tout à fait, c'est à quel sujet ?
- Je cherche sa cousine, je suis Peter.
- Je sais qui tu es, je me suis renseigné sur toi et même si elle était là, je ne te laisserais pas rentrer.
- D'accord, je vais utiliser la force pour rentrer alors !
- Tu peux essayer !
- Peter, tu menaces mon amie ? Un conseil : sors de ma propriété.
- Je ne partirai pas sans elle.
- Tu peux toujours rêver, je ne te laisserai pas l'approcher et je te préviens, mon équipe vient d'être alertée.
- Tu es qui pour avoir une de ces montres ?
- Ton pire cauchemar ! Maintenant tu pars ou je me fais un plaisir de te botter le derrière.

Peter ne se fit pas prier mais promit de revenir. Au claquement de la porte, Kendra descendit avec ses valises.
- Il m'a retrouvée ; je n'ai pas le choix : je dois partir !
- Kendra c'est hors de question ! J'ai appelé Phil du Texas qui m'a expliqué la situation. Tu restes avec nous et on va régler ça, maintenant que je sais qu'il est ici, il a du souci à se faire.
- Attendez les filles, qu'est-ce que j'ai loupé ? Je voudrais bien comprendre.
- Quand j'ai quitté Peter, il m'a promis de me retrouver et de faire de ma vie un enfer, il y a d'abord eu les lettres de menaces, les effractions à répétitions à mon appartement… Donc, j'ai décidé de prendre des vacances car cela faisait environ deux ans que je n'en avais pas pris et Phil, qui est responsable des US dans la juridiction du Texas, m'a dit qu'il allait l'arrêter mais il a été plus rapide qu'eux : rechercher des personnes, c'est son métier et après moi c'est le meilleur !
- Oui, mais maintenant tu n'es plus seule et je voudrais bien le

voir essayer de rentrer avec mes nouveaux équipements de sécurité.

Tom prit son ordinateur et le portail extérieur se ferma, des infrarouges se mirent en marche presque dans tout le jardin.

- Tom, quand as-tu rajouté ça ?
- Une équipe est venue tout à l'heure.
- Cousin, on dit de moi niveau sécurité des biens mais tu es pire que moi !
- Et encore, tu devrais voir grand-mère, elle est entourée de bikers qui protègent son bar.
- Tu rigoles ? Depuis quand ?
- Tu n'es pas au courant ? Grand-mère est en fin de compte dans les services secrets, je l'ai appris récemment et maintenant tu vas me dire que Justin est flic ?
- Tu viens d'arriver et tu parles déjà de Justin, il sait que tu es là ?
- Non pas encore, pourquoi ?
- Car à propos de lui, tu ne te trompes pas tellement vu qu'il est bien dans un service de secours à personnes mais il est le chef de la caserne de pompier d'Honolulu.
- Génial ! Il est célibataire ?
- Kendra, tu ne vas pas commencer...
- Allez, cousin... juste cette info !
- Oui, il est célibataire.

Après cette discussion, nous finîmes de manger et allâmes nous coucher car la journée du lendemain s'annonçait chargée entre aller au bar le matin et ma sortie shopping avec Mia et Kendra qui m'avaient demandé si elle pouvait venir.

La nuit passa sans problème. En me réveillant, je regardai l'heure, sautai du lit, pris ma douche, me préparai en prenant

mon holster d'épaule avec mon Beretta, mon holster de ceinture avec mon Taurus et ma dague japonaise et allai rejoindre Tom qui était déjà réveillé par l'arôme qui sortait de la cuisine.

En arrivant dans la cuisine, on découvrit des brioches façon pain perdu, du sirop d'érable et de jus de fruits. Kendra ne se leva pas tellement après moi ; elle avait opté pour une tenue décontractée mais quand je vis son arme, je ne pus me retenir de rire.

- Ne me dis pas que c'est un M66 calibre 357 Magnum ?
- Tu connais ? Certes, il n'est pas pratique niveau du port puisque c'est un 12 pouces mais niveau tir, il est parfait.
- Je comprends, j'ai toujours voulu essayer de tirer avec, le recul doit être génial avec une arme comme ça.
Bon, les filles quand vous aurez fini de parler de vos armes, on pourra peut-être aller au bar de Lyméa ?
- Oui, mais tu vas prendre quoi comme voiture ? Car si je me rappelle bien, tu n'as que des voitures deux places.
- J'ai acheté une Multipla l'hiver dernier.
- Sérieux, toi, dans une familiale, j'aurai tout vu !
- Après des sportives, je veux être pépère dans une voiture confortable.

C'est ainsi que nous sortîmes du garage tout en regardant autour de nous et prîmes la route principale quand, sur la route, nous vîmes un camion de pompiers sortir en trombe de droite : il devait y avoir un accident dans le coin vue l'allure à laquelle il roulait.

Quelques kilomètres plus loin, on vit une voiture qui avait fait une sortie de route.
- Mais c'est Justin ?
- Oui, tout à fait !
- Il est toujours mignon, tu me l'avais caché !
- Kendra, tu ne vas pas recommencer !

- Pourquoi ? Après tout, je suis de nouveau célibataire et je compte en profiter, d'ailleurs je vais l'appeler demain.

Au bout de vingt minutes, la route fut ouverte au public et Kendra en profita pour ouvrir sa fenêtre

- Salut Justin, ça va ?
- Kendra ? Tu es revenue quand ?
- Hier. Tu es dispo demain midi ?
- Oui, je suis de repos. Si tu veux, on peut manger ensemble, je passe te chercher.
- Avec plaisir, tu es toujours aussi beau gosse dis donc ! A demain.

Dix minutes plus tard, on arriva au bar de Lyméa qui était calme par rapport à certains soirs. Trois bikers étaient devant le bar et nous saluèrent à notre arrivée.

- Salut Tom. Lyméa est partie chercher des provisions pour le bar, elle arrive d'ici dix minutes.

- Pas de soucis, je vais me mettre derrière le bar en attendant qu'elle revienne. Les filles, vous voulez boire quoi ?
- Cousin, comme d'habitude voyons !
- D'accord ! Un Virgin Mojito fraise et pour toi, Chris ?
- Un Saké pour moi, s'il te plaît, il doit en rester dans le placard du bas.
- En effet, je ne savais même pas qu'on en avait.
- C'est moi qui en ai acheté il y a trois semaines.
- D'accord ! Tu fais tes provisions dans le bar de ma grand-mère et qu'est-ce que je vais trouver encore ?
- Fais juste gaffe de pas tomber sur une des armes de Lyméa.
- Oui, on dirait que ce bar est devenu un vrai râtelier !
- Tom, ça fait plaisir de te voir.

- Kendra ! Tu es arrivée quand ?
- Hier, je suis super contente de te voir !
- Moi aussi mon cœur ! Les gars, vous pouvez aller voir sur le parking, il y a une voiture suspecte avec un mec qui est à l'intérieur et ne sort pas : ça va faire deux heures qu'il attend.
- Les gars, je vais y aller. Restez près du bar.
- Chris, je viens avec toi, je vais lui faire comprendre qu'il a intérêt à me laisser tranquille, mais reste à coté s'il te plait.
- Attends kendra, je viens avec vous, Tom passe ma batte de base-ball !
- D'accord.

Quand Peter vit Kendra, il descendit directement de la voiture.
- Je savais que tu étais là, maintenant tu montes dans la voiture.
- Dans tes rêves, c'est terminé et maintenant tu me laisses tranquille ou je demande une injonction au tribunal
- Tu n'oserais pas.
- Déjà, tu ne peux plus exercer au Texas : ils attendent tous ton retour pour t'arrêter.

Peter arriva au nez de Kendra et essaya de lui mettre une gifle mais Kendra esquiva, lui mit un crochet du droit et l'immobilisa.

- C'est la dernière fois que tu me lèves la main dessus ! Chris, tu peux appeler ?
- Oui, pas de problème.
- Centrale… Ici l'agent matricule 256689 DOS, nous venons d'immobiliser un homme pour tentative de coups et blessures sur agent de police. Demandons patrouilles immédiates, nous sommes sur la plage près du bar de Lyméa
- Je vois… Je vous envoie une équipe.

A notre plus grande surprise, Phil arriva dans une des voitures.
- Je me doutais qu'il viendrait donc j'ai pris le premier vol hier soir après notre discussion, je viens d'arriver et j'ai entendu l'appel.
- Peter, j'ai un mandat international. Je te ramène au Texas et ceci est une demande d'éloignement signé par le procureur Peterson : tu as interdiction formelle de t'approcher de l'agent Beldina à moins de trois kilomètres.
- Je vous promets, vous allez me le payer !

Après cet épisode, nous retournâmes au bar et Kendra nous dit :
- Je crois que je vais demander ma mutation et venir m'installer ici : vous me manquez.
- Toi aussi tu nous manques, tu le sais bien.

Après ce petit moment de nostalgie, nous rentrâmes à la maison pour manger et nous préparer pour la séance shopping avec Mia. Arrivés à la villa, le livreur chinois nous attendait déjà à la porte avec notre commande et nous dégustâmes l'ensemble des mets. Après cela, nous décidâmes de choisir une tenue pratique pour le shopping. Kendra opta pour un débardeur violet et jeans avec son M66 à la ceinture et pour Chris, un jean en cuir et une veste de biker où était clipsé son Beretta au niveau de la cuisse.

- Tom, tu vas faire quoi pendant notre après-midi shopping ?
- Justin vient avec des gars de la caserne regarder le match de rugby, ils seront sûrement là à votre retour car je les ai invités à un barbecue. Invite Mia et Jérémy s'ils sont disponibles.

- Super ! C'est une bonne idée petit cœur.
- Chris, comment tu as appelé mon cousin ? C'est mignon ! Là, vous ne pouvez plus me dire qu'il ne se passe rien entre vous. Vous êtes vraiment craquants tous les deux.

C'est ce moment que choisit Mia pour sonner au portail et nous la rejoignions vers l'allée quand Tom ouvrit la porte.
- Mon cœur, tu oublies ton sac.

A ce moment, j'opérai un demi-tour et je sus que c'était foutu : je ne pouvais plus lui cacher mes sentiments et je l'embrassai.
- Je le savais ! Vous êtes tellement mignons tous les deux.

Nous rejoignîmes Mia et partîmes pour le centre d'Honolulu, vers les meilleurs magasins pour trouver les tenues pour le mariage. Quant à Kendra, elle en voulait une pour le lendemain avec Justin.

Au premier magasin, Kendra craqua pour une robe en satin bleu cobalt avec une veste noire et choisit un petit sac afin de ranger son colt cobra en acier qui était dans sa chambre. Après avoir payé les vêtements, nous nous dirigeâmes vers la boutique à la mode et je craquai pour une robe turquoise qui irait très bien avec les boucles d'oreille saphir que j'avais.

Ensuite, nous allâmes en terrasse prendre un café et discuter entre filles.
- Alors toi et Tom, je l'avais vu venir pour une fois ! Vous allez super bien ensemble !
- Les filles, doucement, on ne sait pas où ça va aller, c'est tout nouveau.
- Je l'ai remarqué aussi hier au QG vu les regards que vous vous lanciez.
- Toujours ce soir, je vais pouvoir commencer à draguer Justin depuis le temps que ce mec me plaît et maintenant que je vais

muter à Honolulu, peut-être y aura-t-il une chance pour ça fonctionne entre lui et moi.
- Moi, je suis hyper bien avec Jérémy pourtant ça n'a pas été facile car quand je l'ai rencontré il était fiancée à une fille du Texas mais il a tout quitté pour s'installer à Honolulu et m'a demandé de le suivre. Au bout de deux ans, il m'a demandée en mariage et j'ai accepté toute suite.

- J'ai vu les regards qu'il te lançait quand tu interrogeais Richard ; il est vraiment conquis par ton expérience dans le travail.
- Et moi aussi ! Tu verrais comment on est en infiltration, il joue hyper bien la comédie !

Après cette discussion, nous rentrâmes chez Tom, Mia repartit chercher Jérémy qui venait tout juste de finir son service.

A notre arrivée, plusieurs amis de Tom étaient déjà en train de préparer des cocktails typiques d'Hawaï et d'autres se prélassaient dans le spa. J'en profitai pour aller rejoindre Tom qui jouait au tennis de table près de la piscine.

Quant à Kendra, elle était déjà auprès de Justin, je me doutais au vue des regards des deux, qu'ils allaient bientôt être ensemble.

- Regarde ma cousine, elle ne perd pas de temps ! Elle est déjà avec Justin.
- Regarde comme ils sont mignons tous les deux.
- Surtout ce que Kendra ignore, c'est que Justin a toujours été attiré par elle mais il l'a laissée partir pour ses études.

Tom et moi allions préparer le barbecue quand on vit la voiture de Lyméa arriver avec son Ducato suivie de près par Mia et Jéremy.

- Salut, j'ai décidé de passer vous voir, j'ai fermé le bar pour profiter d'être un peu avec vous ce soir.
-Tu as bien fait grand-mère !
- Où est Kendra ?
- Avec Justin au niveau du garage.
- Kendra et Justin ? Depuis le temps qu'ils devraient être ensemble ces deux-là.

A ce moment-là, une voiture de police arriva en trombe avec les gyrophares et s'arrêta au niveau du garage.

- Ma sœur est à Honolulu et personne ne me prévient !
- Cassidy ! Mais tu es arrivé quand ?
- Ce matin quand j'ai appris par Phil que Kendra avaient des soucis avec Peter.

Une deuxième personne sortit de la voiture.
- Tom, je te présent Trent, mon futur mari, je venais aussi pour vous l'annoncer. A la vue du revolver de celui-ci, je devinai qu'il était, lui aussi, de la maison.
- Sérieux Cassidy ? Et un policier de plus ! Ma maison va être un véritable hall d'armes ce soir entre grand-mère qui a pris le Ducato et je suis sûr que dedans, elle a au moins trois fusils.

A ce moment, Kendra arriva avec Justin
- Cassidy tu es arrivé quand ?
- Je viens d'arriver, je vois que tu as l'air en forme
- Je te présente Trent, mon futur mari
- Te marier ? C'est une blague tu m'as toujours dit que tu ne le ferais jamais
- Qu'est-ce que tu veux ? J'ai craqué !

Justin emmena Kendra au niveau du Spa pour discuter.
- Tu sais Kendra, tu m'as vraiment manquée, je ne croyais pas que tu serais partie loin de moi, je t'ai toujours aimée et tu reviens comme si de rien n'était. Je voudrais croire que tu resteras mais tu dois repartir au Texas.
- Tu as juste loupé un épisode : je viens de demander ma mutation pour rester, je t'aime aussi. Cependant je croyais que c'était mieux pour nous, regarde la carrière que tu as eue.
- Une carrière oui mais je n'ai jamais pu t'oublier, j'ai failli, l'année dernière, demandé ma mutation au Texas et je n'y crois toujours pas que tu sois devant moi !

Justin en profita pour embrasser Kendra.
- Pressé d'aller au restaurant avec toi miss.
- Pareil.

L'interphone sonna, je décidai d'aller ouvrir. Quand je vis qui était à la porte, je dégainai mon revolver

- Comment oses-tu venir ici ?
- Je viens juste pour prévenir Tom. Le gang Peterson vient de mettre un contrat sur la tête de Lyméa.
- Il ne vaut mieux pas que Tom te voie pas ici mais je vais m'occuper de sa protection. Merci Alex.
- Il va falloir qu'il s'y fasse, Carla et moi, on est toujours ensemble ce n'était pas un coup de tête.
- Moi, je suis avec Tom maintenant.
- Vous deux ensembles ? Je ne l'ai pas vu venir celle-là !
- Ne t'inquiète pas pour Lyméa en tout cas, je m'occupe de la protéger.

Je rentrai dans la cuisine, me mis sur le système de sécurité et enclenchai tous les dômes pare-balle et les alarmes-silencieux au

niveau des portails de la sécurité et pris cinq émetteurs-récepteurs que je donnai à Kendra, Tom, Trent et Cassidy.

- Je vous expliquerai après la soirée. Ce que je peux dire c'est que j'ai enclenché toutes les alarmes des portails.
- Qui est en danger Chris ?
- Bon, d'accord ! C'est Lyméa ! Le gang de Peterson vient de lui mettre un contrat
- Oh le salopard ! Je lui conseille de ne pas venir. Comment as-tu eu l'information ?
- Pour ça, je te le dirai ce soir car si je te le dis maintenant, ça gâchera la soirée et je n'ai pas envie de ça !

C'est ainsi que nous continuâmes la soirée tout en gardant un œil sur Lyméa et les alarmes reliées à nos beepers.

Tout se passa nickel quand l'alarme du portail Nord se déclencha. J'allai en courant voir ce qui se passait quand je vis un homme d'une soixantaine d'années qui escaladait le mur, armé de pistolets et de couteaux de différentes tailles.

- Que voulez-vous ?
- Excuse-moi fillette mais je n'ai pas le temps de parler avec toi, je dois préparer la défense pour la protection de Lyméa.
- On est déjà cinq autours d'elle ! Qui êtes-vous ?
- Je suis un ancien ami de Lyméa et je ne compte pas laisser les Peterson lui faire du mal.

A ce moment Lyméa arriva voyant que j'avais dégainé mon revolver
- Chris, qu'est-ce qu'il y a ?
- C'est une longue histoire mais d'abord est-ce que tu connais cet homme ?
- Ricardo, c'est toi ? Je te préviens tu ne vas pas réussir à m'avoir cette fois-ci pour une mission rocambolesque ; je ne suis plus aussi

aguerrie qu'avant et d'abord, qu'est-ce que tu fais là je te croyais au Bahamas ?

- Cela va faire des mois que je suis à Honolulu à te surveiller en cas de problème.

- Et tu peux m'expliquer du coup, pourquoi tu es là chez mon petit fils ?
- Les Peterson viennent de mettre un contrat sur ta tête depuis que Flaherty est sortie de prison
- Ils ont laissé ce lâche sortir et ils ne me préviennent même pas !
- Chris, va dans la voiture et prends mon Fire Arms dans la boîte à gants, s'il te plaît.
- Oui, Lyméa, pas de soucis.
- Tu continues la fête avec moi Ricardo, tous les dispositifs d'alarmes sont mis ; à la moindre infraction, on sera tous prévenu sur beeper.
- Je vois que la propriété de ton petit-fils est bien protégée
- En effet depuis qu'un gang a voulu s'en prendre à Chris, il a refait toute la sécurité.

A ce moment, une femme arriva au portail avec une Ford Mustang. J'allai lui ouvrir.
- Salut Chris, tu ne te souviens sûrement pas de moi, on servait au bar de temps en temps ensemble quand j'étais en permission.
- Alina ! Qu'est-ce que tu fais ici ? Je te croyais à Collioure.
- J'ai appris que mon ancienne patronne était en danger donc quelques collègues et moi sommes venus.

- Monte jusqu'au parking, il reste quatre ou cinq places. On a préparé un barbecue.
- Je te remonte jusqu'au parking ?
- Avec plaisir ! Je ne suis jamais montée dans ce modèle de Ford Mustang.

Au moment de descendre, elle sortit, déjà équipée d'un glock 17 et d'un M66 et prit en plus un Maverick en bandoulière dans le coffre.

- Le fusil à pompe, c'est le dernier bébé que je me suis acheté. J'ai rajouté des options supplémentaires pour recharger plus facilement.
- Il est magnifique en tout cas ! Je te monterai celui que j'ai tout à l'heure.

Et c'est ainsi que nous remontâmes jusqu'à la propriété ; je servis un verre à Alina. Dès que Lyméa la vit, elle lui sauta dans les bras.

- Comment tu as su pour Peterson ? Les radars de la DGSE ont vu des départs bizarres de certains membres de gangs et quand j'ai vu que Flaherty était de la partie, j'ai su que c'était pour toi ! J'ai donc piloté toute la nuit et je suis là.

- C'est incroyable déjà, qu'il ait su où je me trouvais, peu de personnes étaient au courant.
- T'inquiète, la maison est un vrai bunker depuis la dernière fois ! Maintenant place à la soirée.

A un moment de la soirée, je reçus un message de Bingo, une amie de la brigade anti-criminalité d'Honolulu m'avertissant que tous les assaillants avaient été arrêtés et que nous ne craignions plus rien. J'avertis tout le monde et nous continuâmes notre soirée avec entrain. Et c'est ainsi que le barbecue se termina et que les convives partirent. Il ne restait que Alina, Lymea, Ricardo, Kendra, Justin, Cassidy, Tom et moi.

Nous préparions un repas en commun quand je reçus un message des différents services pour qui je travaillais me disant que maintenant j'avais le droit de me reposer et qu'ils me laissaient

cinq ans de répit pour réfléchir si je voulais reprendre cette carrière où changer complètement d'horizon.

Je criai « Champagne » à tous et leur expliquai que j'étais en congés et que je pouvais enfin profiter de vacances méritées. A ce moment-là, je regardai Tom et lui dit : « on reste à Hawaï et je tiens le bar avec Lyméa, on fera un petit agrandissement de la terrasse. »
- Les gars, Kendra et moi, on va vous laisser, je l'emmène danser au Montecristo ce soir. Je vous souhaite une bonne soirée et je vous dis à demain

Dès le lendemain, avec Lyméa, nous commencions les agrandissements de la terrasse et du bar ainsi que notre piste de danse. Cela nous prit la journée car beaucoup d'amis des différentes agences de sécurité et d'espionnage étaient venus nous aider.

En fin de journée, nous prîmes notre planche de surf : après ce dur labeur, il était temps de nous rafraîchir un peu.

Après une heure à surfer, nous prenions la direction du bar pour prendre un cocktail quand j'entendis des pneus crisser sur le remblai

- Lyméa, tu as ton revolver de secours sur ta serviette ?
- Toujours pourquoi ?
- Je crois qu'on va avoir de la visite : regarde les gars à douze heures.
- Le mec de gauche me dit quelque chose ; on va voir ce qu'ils veulent.

Lyméa prit le côté gauche et moi le droit et nous arrivâmes vite derrière les malabars qui avançaient rapidement vers le bar quand je pris la parole.

- Vous voulez quelque chose, les gars ?
- Echelon B ! Nous voulons parler à Olga Kahale.
- Qu'est-ce que vous lui voulez ? répliqua Lyméa
- Francisco Vergaz veut la voir
- Les gars… Francisco Vergaz est mort il y a vingt ans en Colombie : votre blague n'est pas drôle
- Il a simulé sa mort après trois tentatives d'assassinat et ça va faire quinze ans qu'il recherche Olga Kahale. La seule photo qu'il avait c'est celle de ce bar.
- Où il est ? Je veux voir mon frère !
- Il est à Kapolei, au Hilton.
- Dites-lui que je me change et que j'arrive.

- Christelle, tu peux venir avec moi ?
- Oui, bien sûr.

Lyméa et moi allâmes rapidement au bar pour nous changer ainsi que prendre nos armes ; pour ma part, c'était cette fois-ci un Taurus 1911 en 45 ACP et pour Lyméa son Fire Arms en 9mm et nous montâmes dans notre voiture en direction du Hilton dans la BMW 700 de Lyméa.

Arrivées devant la réception, un des malabars nous attendait et passa un message avec le kit main libre qu'il avait.

- Votre frère arrive toute suite… Si vous voulez vous asseoir dans la salle de conférence, nous l'avons privatisé.
- Avec plaisir ! Merci beaucoup.

Deux minutes plus tard, la porte de la salle de conférence s'ouvrit. Lyméa se leva et mit une claque à son frère

- Tu n'avais pas le droit de me faire ça !
- Celle-là, je l'ai méritée !
- Comment tu vas ? Je veux des explications maintenant !!!
- Le Cartel de Los Angeles après la descente de la Bolivie a mis un contrat sur moi, alors je leur ai fait croire qu'ils avaient gagné mais pendant les quinze dernières années, j'ai infiltré leurs réseaux en sous-marin et j'ai réussi à remonter jusqu'au grand patron qui est ici à Hawaï.
- Le responsable du réseau est ici à Hawaï ?
- Oui et une cargaison arrive de Los Angeles demain. J'ai donc besoin de ton aide pour les arrêter et je serai là aussi en qualité de Commandant de la section infiltration de la police de Makaha. Je suis monté en grade en montant cette opération après avoir remonté l'ensemble du réseau grâce à ma femme qui est infiltrée en tant que garde du corps de Perez
- Tu parles de Romeo Perez ?
- Vous êtes qui ?
- Je suis une amie de Lyméa
- En effet, comment tu le connais ?
- J'ai entendu son nom quand j'étais en train de démanteler le réseau du Texas.
- C'est toi la jeune qui as réussi ce coup de maître ? Si tu as besoin d'un travail stable avec des horaires de bureau, tiens-moi au courant.

- Je peux comprendre pour le cartel mais tu aurais pu me prévenir quand même au lieu de faire ça, je t'aurais aidé à dissoudre le cartel bien avant
- Comment ça ? Tu es barman sur un bar de plage
- Je ne fais pas que ça ! C'est une couverture, je suis aussi dans

l'espionnage.
- Sérieusement ! Alors là, tu m'épates !
- Tu vas sûrement pouvoir m'aider alors si ton réseau est toujours disponible, le cartel a appris hier que j'étais à Hawaï à la suite d'une fuite à Dallas.
- Qu'ils viennent, ils verront ce que la police d'Hawaï, Le MI6, La DGSE ainsi que les bikers de Makaha savent faire... Et Christelle a ses contacts aussi !
- En effet et Perez nous intéresse, donc mes équipes seront présentes. Il faut juste me laisser le temps d'appeler tout le monde.

En trois heures, l'ensemble des services d'espionnage, de l'armée, de la police d'Hawaï ainsi que les bikers étaient présents. La salle était pleine ! C'est alors que le commandant Kahale prit la parole.

- Bonjours à tous, j'ai demandé une cellule de crise aujourd'hui car le représentant du cartel de Los Angeles arrive demain à Hawaï pour un approvisionnement important de Fentanyl mais ils ont appris hier que je n'étais pas mort en Colombie et ont mis un contrat sur ma tête. Ça va faire quinze ans que j'ai mis ma carrière dans l'ombre mais grâce à ma femme qui est infiltrée dans le réseau, j'ai pu avoir des avancées importantes sur son développement.

- Excusez-moi. Est-ce que John Striker est toujours en infiltration au sein de ce cartel ?
- Oui. Tu le connais ?
- C'est un ami d'enfance et ça va faire un mois que je n'ai plus de nouvelle.
- C'est normal, le responsable du cartel commence à devenir méfiant.

- On a mal joué ! Le mois dernier, on a failli les avoir et ont a été repérés par la femme du second et, comme ils avaient prévu une échappatoire incroyable, la saisie n'a pas eu lieu.

- Donc, revenons à l'opération : les trafiquants arrivent à l'aéroport de Makaha en jet privé pour une livraison à Zuma Beach ; nous voulons l'ensemble du réseau donc il faudrait intervenir au moment où la transaction est validée. C'est Davis qui sera en surplomb de la baie avec son sniper qui nous donnera le feu vert, le MI6 sera au niveau de la croisette, l'armée aura un sous-marin immergé, la DGSE sera dans un bar du coin et la police barricadera l'ensemble des autoroutes ainsi que le chemin forestier. Lyméa, Ricardo, Sean et Christelle, quant à eux, s'occuperont de ma protection.

Nous prîmes tous la route vers nos différentes positions : il était hors de question que le cartel s'en sorte cette fois-ci. Il faisait chaud à Makaha ce jour-là, les armes étaient chargées, les serflex avaient été livrés à temps : nous attendions juste le cartel et le signal de Davis !

Davis prit la parole :

- Camelia est là avec les sbires de Perez et la commande. Le bateau arrive, l'échange va bientôt avoir lieu. Comme le chef l'a dit, on intervient seulement à mon top. Attention ! Ils testent la marchandise et l'échange a eu lieu. Top intervention : HPD, bloquez toute les rues, DGSE Top intervention, Militaire en sortie, MI6… En avant GOGOGOGO !!!!!!!!

Et c'est ainsi que des salves de calibres éclatèrent mais heureusement aucune personne de notre équipe ne fut blessée. Sans compter Camelia qui avait immobilisé le second.
- Où est mon mari ? Perez, à sa position ! Prévenez les personnes qui le protègent.

- CZ Pour Autorité
- Autorité. Transmettez.
- Votre cachette est découverte, Perez arrive.

Au moment où je me retournai, Ricardo sortit un couteau.
- Vous avez mis plusieurs taupes dans nos rangs mais nous aussi, on se demandait qui vous livrait les informations mais on n'a jamais réussi à remonter jusqu'à l'informateur. Maintenant, tu vas payer !

Un combat entre Ricardo et Lyméa commença alliant du Ninjitsu et de l'aikido, les assauts étaient fluides et rapides ! Son assaillant fut rapidement maîtrisé. Soudain, on entendit un bruit de barrières qui se cassaient. C'était l'arrivée du deuxième groupe du cartel !
J'en profitai pour amorcer mes différents pièges qui les retarderaient en attentant que le frère de Lymea prit le passage sous-terrain.

Je sortis de mon holster un Modèle P9 qui était une arme acquise peu de temps auparavant, une arme en polymère le rendant léger et stable.

Deux assaillants prirent par l'entrée nord tandis que le responsable de tout ce cirque prit l'entrée Sud. J'en profitai pour déclencher les alarmes assourdissantes après avoir passé des protège-oreilles à Lyméa.

Ce procédé me permit de neutraliser deux narcotrafiquants pendant que Lyméa engageait un combat singulier avec Perez qui l'avait privée de son frère pendant autant d'années.

Les deux combattants sortirent des techniques de combat très différentes comme le Pengamot et le Sambo ce qui rendit ce face-à-face très intéressant. Lyméa profita d'une erreur du membre du cartel pour l'immobiliser et le menotter à une vitesse extraordinaire.

C'est à ce moment que la femme de Ricardo arriva pour le voir. Je lui dis qu'il était dans le sous-terrain ouvrant sur la plage de Waikiki Beach protégée par mon équipe.

C'est ainsi qu'une fois la police d'état arrivée avec la fourgonnette, nous prîmes congé pour rejoinre le chef Kahale. Celui-ci nous remercia et prit un verre avec sa femme au bar de Lyméa, tous deux accompagnés de l'ensemble des forces qui nous avaient aidés.

Dublin – 5h00 - Le 17-11-2022
Lettre adressée au Lieutenant Lindsey Cavendish, écrite par le Commandant Cody Parker de la Police de Dublin.

« J'ai longtemps travaillé en France sous couverture pour réduire à néant beaucoup de cartels qui apportaient de la drogue en Irlande, j'ai travaillé quelques temps avec l'agent Christelle S, basée aujourd'hui à Hawaï qui était ma superviseure. Je reçois des menaces depuis quelques jours du clan des tritons basé à Dinan ; s'il m'arrive quelque chose, contactez là ainsi que ma cousine Cassidy à Hawaï Je sais que les deux guerrières réunies sauront me retrouver. Prévenez aussi le Lieutenant Ben Turner basé à la caserne militaire de Galway. »

- Salut Lindsey. Est-ce que tu as vu Cody ce matin ? Il n'était pas au brief. Attends, je vais passer chez lui pour voir avec Tony, j'ai un mauvais pressentiment. Tony, suis-moi, il faut aller chez Cody. On prend ma voiture
- Qu'est-ce qu'il se passe ?

- Cody n'était pas au briefing ce matin.
- Etrange ! Il n'en a jamais raté un en dix ans.
- Je prends Carter avec nous.
- Carter, tu nous suis.

C'est ainsi que nous étions trois à prendre la direction de la maison de Cody qui se trouvait à trente minutes du commissariat. A notre arrivée, nous aperçûmes la porte de la voiture et de la maison ouvertes.

- Central, ici le lieutenant Lindsey Cavendish : le Commandant Parker est en difficulté, je veux l'ensemble des voitures disponibles, nous commençons la fouille de la maison.

- Carter, tu prends l'arrière, Tony l'entrée Sud et moi la porte principal. On recherche Cody et Spiky, c'est un chien loup. Vous avez tous votre gilet ? On y va.

Au moment où j'allais entrer, j'entendis l'aboiement de Spiky à l'étage mais avant tout, je fouillais minutieusement le rez de chaussée : mes craintes étaient fondées.

- Central, ici le Lieutenant Cavendish : besoin de l'équipe de la Criminelle, du chef de garde, de la scientifique : le commandant Parker a été kidnappé.

En fouillant chaque parcelle de la maison, je pus voir que Parker s'était battus et qu'il y avait eu des échanges de tirs au vue des douilles sur le sol.

- Les gars, RAS pour le rez de chaussée. On commence l'étage, j'ouvre à Spiky, je vous préviens il n'aime pas les inconnus. Viens mon bébé, tu ne crains rien, je suis là.
- Lindsey, il y a une porte fermée à clé.

- Oui, c'est le bureau de Cody. Il n'a jamais voulu me le montrer ! Je défonce la porte.

En ouvrant la porte, nous découvrîmes un arsenal et des photos de différentes personnes avec des saisies record et sur le bureau une lettre à mon nom alors je l'ouvris et la lus.

- Ok Central pour Lieutenant Cavendish. J'ai besoin que vous me trouviez les coordonnées de la cousine du Commandant Parker ainsi qu'une certaine Christelle basée à Hawaï le plus rapidement possible.
L'enlèvement de Parker est dû à une affaire qu'il a traité sous couverture. Je veux m'entretenir avec son superviseur de l'époque.
- D'après les recherches, le superviseur de l'époque s'appelle Christelle. On vous met en relation.

- Oui, j'écoute.
- Vous êtes Christelle ?
- Oui, c'est moi.
- Bonjour, je suis le Lieutenant Cavendish.
- Qu'est-ce qu'il se passe avec Cody ?
- Comment vous avez deviné ?
- Cassidy m'a parlé de vous.
- Cody vient d'être enlevé et apparemment cela a un lien avec une affaire du cartel des tritons
- Je préviens sa cousine et nous arrivons demain avec mon équipe.
- Cassidy, c'est Chris ! Ton cousin vient de se faire enlever. Rejoins- moi au Terminal Sud d'Honolulu : ça va barder, je préviens l'équipe.

Une heure plus tard, les vingt membres de mon équipe d'Hawaï et Cassidy embarquions pour Dublin. J'avais prévenu ma deuxième équipe en France, dirigée par Lia pour qu'ils nous rejoignent là-bas.

La nuit fut longue mais avec mon raccourci, nous arrivâmes assez tôt dans l'après-midi. Trois bus à l'effigie de la police étaient stationnés au terminal.

- Bonjour Cassidy, je suis navré, on a mis un barrage en place ; ils sont quelque part entre Galway et Clifden. On ne pense pas qu'ils ont réussi à franchir la frontière, on est en train de regarder l'ensemble des caméras.

- Est-ce que ton frère est au courant ? Tu sais très bien que c'est assez tendu entre Ben et moi depuis qu'il a démantelé le cartel Del Diablo sans me prévenir.

- Attends, je l'appelle.

- Ben, c'est Cassidy. Tu peux me rejoindre à l'aéroport de Dublin avec ton arsenal et des amis à toi : Cody a été enlevé.

- J'arrive tout de suite mais tu diras à Lindsey qu'elle aurait pu me prévenir.

- Bonjour Lindsey, je suis Christelle. Je t'ai ramené toutes les informations sur les tritons et les quatre endroits où Cody peut être. J'ai gardé un œil sur le nouveau boss qui a repris depuis un mois les affaires. Lia devait appeler Cody la semaine prochaine pour organiser une descente.

- Il a reçu des menaces ? Mais il ne m'en a pas parlé sinon je l'aurai mis directement sous protection !

Au même moment, une dizaine de jeeps arrivèrent en hippodrome autour de nous, ainsi que l'avion de Lia.
- Salut Mac, quelles sont les informations ?
- Il a reçu des menaces d'un gang qui vient de se reformer.
- Toi, Lindsey, on va parler tout à l'heure : c'est inadmissible que tu ne m'aies pas appelée !
- Bonjour Chris, Je suis Ben, l'ami de Cody, on est ensemble depuis un an.
- Je sais, Cassidy m'en a parlé quand on s'est retrouvés.

- Donc, tout le monde, écoutez-moi ! Cody peut être soit dans la grange des Gramer à Clifden soit au Pub des bikers de Galway, dans les ruines du château de Castlebar ou caché dans un bateau à Maddock stown.

L'équipe Alfa avec Cassidy, L'équipe Bravo avec Lindsey, L'équipe Charlie avec Ben et l'équipe Delta avec moi. Nom de code de cette mission « Cody Boy »

C'est ainsi que nous partîmes vers les différents points du cartel avec la ferme intention de tous les mettre sous les verrous.

La route pour Castlebar commandée par Ben était plutôt jolie mais sinueuse. Arrivés à deux kilomètres, nous arrêtâmes la voiture et continuâmes la route en trottinant. Mais, malheureusement pour nous, aucune personne en vue ! On fouilla chaque centimètre de la ruine mais aucune trace de Cody ! Cependant, nous fîmes une saisie record de 450 kg de cocaïnes que

nous rangeâmes pour les déposer au commissariat central de Dublin quand la mission serait terminée.

Etant près de Clifden, nous décidâmes d'aller prêter main forte à l'équipe Bravo. A notre arrivée, nous entendîmes des déferlements de coups de feu. Nous prîmes chacun un endroit pour encercler les assaillants qui étaient en effet très nombreux.

C'est à ce moment que Ben regarda sa sœur se battre contre deux hommes armés d'un couteau. C'en fut trop : il se rua sur un des gars avec l'agilité d'un tigre, lança un coup de pied retourné en pleine tête qui fit tomber le mercenaire dans les vapes.

Pendant ce temps-là, Lindsey désarma le deuxième homme, lui cassa le poignet et l'immobilisa avec un serflex.

Après ça, nous continuâmes nos recherches. Les assaillants étaient presque tous immobilisés mais la raison d'un tel nombre de personnes était soit dû au fait que Cody était là soit que nous allions encore tomber sur un nouveau trafic.

Au bout de vingt minutes, nous arrivâmes à rentrer dans la grange et nous trouvâmes des armes de tout calibre. Il nous fallut pas mal de temps pour tout notifier et ranger dans les voitures et c'est ainsi que nous poursuivîmes notre quête pour trouver Cody. Mais cette fois, Lindsey comprit enfin le sens du métier de Ben qu'elle trouvait un peu bourru. C'est ainsi que nous partîmes en direction de Maddock Stown Bay rejoindre l'équipe de Cassidy pour trouver le yacht des Tritons.
Le chemin étais caillouteux mais abordable et le décor des champs verdâtre juste merveilleux.

En effet, en arrivant, vu le nombre de motos présentes, c'était sûr que Cody était caché sur le bateau mais la seule solution était que

Ben prépare le terrain par la mer car c'était sa spécialité ayant déjà effectué beaucoup d'exfiltrations par les mers.

Il plongea en apnée, monta par le bastingage du bateau et neutralisa trois assaillants ce qui nous permit à notre tour de faire une percée à bâbord. Nous sortîmes nos couteaux pour le plus discrètement possible vu le monde en présence des assaillants. Cassidy sortit des Shurikens, en lança une dizaine sur un groupes de dix personnes et enchaîna avec un étranglement sanguin sur un gars qui arrivait sur son côté gauche afin qu'il ne prévienne personne.

Quant à Lindsey, elle était occupée avec une femme qui l'avait prise à revers et qui avait donné l'alerte. Elle lui tira une balle d'un calibre 45 ACP dans la jambe et la menotta et en se mettant à couvert, elle prit son téléphone
- Ici, le lieutenant Lindsey Kavendish : besoin de renfort sur le quai de Maddockstown, officier en détresse notamment le commandant Parker disparu depuis 48 heures. Envoyez toutes les patrouilles disponibles. Je répète 10-13 Central, officier en détresse.

- Pas de soucis, Lieutenant, les équipes sont prévenues. Arrivée prévue des premières patrouilles d'ici trois minutes, dont le commissaire Shumakmeyer et le Lieutenant Maxence Guéno qui se rendent sur les lieux.

- D'accord, merci de l'info, nous continuons nos recherches. C'est ainsi que nous avancions sous un feu nourri du cartel ; plusieurs assaillants étaient déjà au sol et nous pouvions entendre les sirènes des voitures de police arriver dont le Commissaire Flint

Shumakmeyer et le Lieutenant Maxence Guéno qui étaient les supérieurs de Cody quand il avait commencé dans la police.

Deux minutes plus tard, Flint et Maxence m'avaient rejointe : l'un armé d'un Rugher MP100 6.5 pouce de calibre 357 Mag et l'autre d'un Smith&Wesson Model P9 en 9 Parabellum.

L'intensité des combats fut impressionnante mais nous arrivâmes au bout des assaillants. Ben, quant à lui, commença à rentrer dans la cabine principale par un hublot marinier et lança un couteau en plein dans le ventre d'un des assaillants.

Cependant, il entendit un combat acharné dans le couloir d'à côté et il vit Cody se battre avec deux balourds. Alors, il alla l'aider et lança un Löw kick à un des assaillants lui cassant le tibia.
Pendant ce temps-là, Cody lança un assaut de plusieurs crochets et gagna son combat. C'est à ce moment-là que Cody s'évanouit à cause d'un coup de couteau au flanc droit.

Ben le prit sur son épaule et le sortit. Maxence était à coté et dit à Ben
- Mettez-le dans ma voiture, on va directement au Kilkenny Hospital.
- Ici, le Lieutenant Maxence Guéno. J'ai besoin d'une ouverture de route de Maddockstown jusqu'à Kelkeny Hospital, agent blessé, besoin d'une escorte maintenant.
- Reçu fort et clair pour central L123,126 et 127, vous ouvrez la route.

Sirène hurlante, Maxence conduisit dans les routes sinueuses accompagné de Ben.

Pendant ce temps-là, on prit nos voitures et camions et nous nous dirigeâmes vers le Kelkeny Hospital à très vive allure avec les gyrophares allumées.

Central, ici, le Lieutenant Kavendish. Prévenez le Kelkeny Hospital que nous arrivons d'ici dix minutes avec un blessé sous la garde du Lieutenant Guéno. Qu'il prépare un bloc, qu'il beepe le chef de service de la chirurgie Sarah Izel à la demande du Lieutenant Guéno et la salle d'attente officielle.

Arrivés à l'hôpital, nous nous dirigeâmes tous vers la salle mise à notre disposition en attendant le retour du chirurgien. Cody était opéré par la chef de service de chirurgie Sarah Izel qui était une amie du Lieutenant Maxence Guéno. Nous étions tranquilles car on connaissait sa réputation. En effet, elle avait gagné beaucoup de prix prestigieux dans sa carrière.

Pendant ce temps, un homme d'une trentaine d'années se présenta au secrétariat.

- Bonjour, je suis Andrew Kingstone. Je veux parler au Lieutenant Kavendish immédiatement : on m'a dit qu'elle était dans la salle d'attente.
- Je vais vous montrez où elle est immédiatement.
- Merci beaucoup.

Mais, au même moment, deux hommes en noir armés de pistolet firent irruption dans l'hôpital tirant sur andrew. Mais celui-ci eut le temps de les neutraliser avec son pistolet avant de s'évanouir au sol.

- Code Bleu à l'entrée des urgences ! Plusieurs blessures par armes à feu.

Un peu plus loin, dans le couloir, l'équipe de Chris et de Lindsey sortit ses armes pour aller voir.
- On fouille l'ensemble du rez de chaussée et on voit d'où viennent les tirs.
- Bonjour, je suis la secrétaire : ce jeune homme s'est occupé des malfrats mais il a été touché, il voulait parler au Lieutenant Kavendish.
- Je le connais pas. Regarde dans sa poche de blouson, s'il a des pièces d'identité.
- Il à sa plaque : il est du FBI à Atlanta, il s'appelle Andrew Kingstone .
- Non ! Andrew, tu te réveilles toutes de suite !!! Qu'est-ce que tu fous là ?
- Il va falloir attendre : il est dans le coma, on le monte au bloc, la chef de service vient de sortir de la salle d'opération ; elle va s'occuper maintenant de votre ami.
- Ce n'est pas un ami, il est de la famille : c'est un cousin éloigné, mais il est en infiltration en ce moment à Dublin. Je lui ai dit de se rapprocher de Lindsey quand il arrivait à la fin de son enquête dit Cassidy,

Nous attendions tous de nouveau dans la salle d'attente quand on vit Hayley Flaherty de la brigade des stupéfiant arriver.
- Où est Andrew ?
- Hayley, il s'est fait tirer dessus à son arrivée à l'hôpital. Est-ce que tu sais pourquoi il est venu ?
- Non, je sais juste qu'un collègue l'a vu prendre la destination de l'hôpital sirène hurlante alors qu'il est en infiltration, ce qui ne rentre pas dans le protocole. Je suis arrivé dès que j'ai été

informé.
- Nous, on est juste au courant qu'il voulait parler à Lindsey.
- D'accord mais pourquoi toute la famille d'Andrew est là ?
- Andrew t'a parlé de nous ?
- Oui, ça ne fait pas longtemps que nous sommes ensemble mais j'ai vu vos photos en tenue à sa remise des diplômes.
- Mon cousin ne m'a rien dit. Il n'est plus avec Tracy ?
- Il compte lui annoncer à son retour à Atlanta et demander sa mutation à Dublin en tant qu'agent de liaison et vous savez qu'il est rentré dans la vie de Tracy pour infiltrer le camp Parades plus facilement !
- Pardon ? Tu veux dire qu'il a infiltré le cartel le plus dangereux de la Colombie sans nous mettre au courant. Et les malfrats qu'il a neutralisés, ils ont été identifiés ?

- Mon collègue est sur le coup. D'ailleurs, quand on parle du loup... Voici le Capitaine Garcia.

A ce moment, Lindsey se leva telle une tigresse et mit une gifle à la personne qui venait de rentrer.
- Celle-ci, tu l'as méritée, deux ans que je n'ai plus de nouvelles de toi et tu arrives comme ça. Depuis quand es-tu dans la police, je te croyais dans les commandos ?
- Je comprends mieux, tu dois être Lindsey.
- Oui, ne fais pas celui qui me connaît pas.
- Tu m'as confondu avec Pablo, je suis José, son frère jumeau.
- Je suis vraiment désolée. Ne t'inquiète pas, c'est un bon retour des choses, mon frère s'en est pris pas mal par ma faute !

A ce moment-là, Sarah fit irruption dans la salle.
- Maintenant, vous allez essayer d'arrêter avec les fusillades un moment car je ne suis pas sûre d'avoir autant de bonnes nouvelles la prochaine fois. Les opérations se sont bien passées, les deux sont en salle de réveil mais je demande qu'ils prennent minimum trois semaines de vacances.
- Cela va être difficile de leur faire comprendre mais on va y arriver.
- Cassidy, ne t'inquiète pas, je compte bien faire comprendre à ton cousin qu'il n'a pas le choix, je vais le travailler au corps.
- Sinon, Sarah, nos héros, on peut les voir quand ?

En attendant, Christelle était au téléphone avec des membres de son équipe de Saint-Petersbourg et la conversation était plutôt animée.
Ça parlait d'un cartel russe qui avait mis différents tueurs à gages sur certaines personnes.

- Je pense savoir ce que Andrew voulait vous dire, Lindsey et Hayley. Vous avez un contrat sur votre tête : le cartel russe vient de s'associer avec le cartel Parades.
- Dis-moi, le cartel russe, ce n'est pas celui de Ludovik Polakovic par hasard ?
- Si Hayley, tu le connais ?
- En effet, j'étais en infiltration il y a deux ans sur ce cartel, on a été obligé d'annuler l'opération au bout de trois collègues décédés et Polakovic a réussi à sortir des écrans. Je pense que ses hommes ont découvert la couverture d'Andrew.
- Comment tu as fait pour avoir autant d'informations aussi vite ? Mon équipe est infiltrée dans de nombreux cartels et pour découvrir où se trouvait Cody, j'ai envoyé pas mal de messages et

le nom de Polakovic est venu rapidement. Je peux même vous dire qu'il est rendu à Dublin.

- Je viens d'être beepé, les gars sont en chambre et j'ai négocié pour qu'ils soient dans la même.
- Tu sais que ça va être la troisième guerre mondiale dans la chambre ! Ils sont intenables quand ils sont ensemble, ils vont rendre chèvre les infirmières.
- T'inquiète pas, c'est plutôt eux qui ne vont pas rigoler ; je leur ai mis Claudine, une infirmière sur la retraite qui pique assez fort lors des injections.
- J'imagine leur tête, déjà qu'Andrew craint les piqûres ! Allez, on va voir les gars, Andrew va pouvoir nous expliquer la situation.

- Alors les gars, on décide de nous faire des frayeurs ? Andrew, quant à toi, tu m'as fait une peur bleue !
- Coucou princesse, comment tu vas ?
- Depuis quand tu appelles Hayley princesse, cousin ?
- Depuis qu'elle et moi nous sommes ensemble !
- Je ne comprends plus rien : tu n'es plus avec Tracy ?
- Rendors-toi, tu vas te faire mal au crane. Lol
- Bonjour, je suis Lindsey Kavendish et voici Le lieutenant Guéno, vous vouliez nous parler ?
- En effet, Polakovic a fait sauter ma couverture et a mis la tête de ma copine, de vous et de mon cousin à prix ! Il n'a pas apprécié que Hayley ait essayé de le piéger sur sa dernière mission ; il m'a reconnu car il la suit à Dublin depuis deux jours et quand on s'est vu hier, il a fait sauter ma couverture auprès de Parades et c'est Tracy qui est à la tête du trafic de stupéfiant à Dublin. Je l'ai su il y a quatre jours mais je voulais avoir un dernier élément que j'ai maintenant avec Polakovic. Mais, ce qu'ils ne savent pas, c'est que je suis au courant d'où est sa planque à Dublin : elle est dans le sud de Dublin.

- D'accord, on va faire marcher l'effet de surprise, je vais prévenir l'équipe.
- Central ici le Lieutenant Maxence Guéno, Matricule Sierra 125 Charlie, mission prioritaire code 1 besoin de l'unité d'Elite, que l'ensemble de mon unité soit déligentée à Saint Edouard Castle. Nous lançons un assaut dans une heure à Dublin. Rendez-vous au poste de commandement. Je suis accompagné des Lieutenants Kavendish, Flaherty, Garcia et de Cassidy.
- Reçu Lieutenant, je lance l'appel à toutes les unités.
- Dites-leur que l'ensemble de la 3ème division d'infanterie de Galway se lance en coopération, ils vont voir ce que c'est d'énerver un militaire !

Nous prîmes l'hélicoptère de l'infanterie de Galway pour nous rendre sur les lieux, installer le poste de commandement, tous munis de nos armes tactiques ainsi que de nos gilets de sauvetage pour montrer au cartel notre humeur massacrante.

- Bonjour, ici le Lieutenant Kavendish, un de nos collègues du FBI a été blessé ce matin par le cartel colombien qui est en affaire avec le cartel russe de Polakovic. Ce qu'il ne savait pas c'est que cet officier était au courant du lieu où se cachait Polakovic. Nous lançons l'assaut une fois que l'ensemble des personnes présentes aura étudié les cartes topographiques des lieux.

Vingt minutes plus tard, l'assaut était donné, beaucoup d'échanges de tirs pour enfin arrêter Polakovic et une surprise de taille : Tracy Parades.

- Central ! Ici Sierra 125 Charlie opération terminée avec trente personnes arrêtées et 300 kilos de cocaïne saisis.
- Reçu Sierra 125 Charlie. Je préviens le chef de la police de Dublin de la saisie, terminé.

C'est ainsi que nous retournâmes voir nos blessés à l'hôpital et que Christelle repartit à Honolulu voir les siens. Nous échangeâmes tous nos numéros de téléphone au cas où nous aurions besoin un jour de nous contacter pour des missions rocambolesques sûrement ou tout simplement pour un moment de détente au bord de la mer.

Une rencontre libératrice mérite un livre à sa mesure. Cela fait maintenant quelques années que j'ai rencontré Christelle sur un stage de karaté et elle m'a fait découvrir plus qu'une passion, un art de vivre.

Par ce roman, je veux faire découvrir les coutumes et des endroits du Japon qui est omniprésent dans son credo ainsi que sa force et sa ténacité. En effet, Christelle a un esprit de Samouraï en elle.

Chaque défi qu'elle décide de relever, elle le fait même si elle doit serrer les dents.

Dans ce livre, vous la verrez au cœur de l'intrigue, elle est l'héroïne de cette histoire, elle est tantôt agent gouvernemental ou garde du corps mais chaque combat, elle les remportera en serrant les dents et en ne lâchant rien, en alliant différents arts martiaux.

Un cri de guerre restera ICHA !!!!!!!!

Printed by Books on Demand GmbH, Norderstedt / Germany